MATHEMATIK

BAND 6

Gleichungen und Funktionen
Trigonometrie
Rauminhalte
Sachthemen

Lösungen

Herausgegeben von
J. Peter Böhmer

Bearbeitet von
J. Peter Böhmer
Ekkehard Jander
Wilfried Schlake
Otto Steinhoff
Paul Zahn

Ernst Klett Verlag
Stuttgart Düsseldorf Leipzig

1. Auflage   A € 1 12 11 10   2011 2010 2009

Alle Drucke dieser Auflage können im Unterricht nebeneinander benutzt werden, sie sind untereinander unverändert.

Die letzte Zahl bezeichnet das Jahr dieses Druckes.
© Ernst Klett Verlag GmbH, Stuttgart 2001. Alle Rechte vorbehalten.

Internetadresse: http://www.klett-verlag.de

Umschlaggestaltung: Dieter Gebhardt, Asperg
Satz und Satzgrafiken: More*Media* GmbH, Dortmund; Kernstock, Wissenschaftliche Publikationstechnik, Kirchheim/Teck
Druck: Gutmann, Heilbronn. Printed in Germany
ISBN 3-12-745273-X

Inhaltsverzeichnis

1 Lineare Gleichungen 5
1 Lösungspaare linearer Gleichungen bestimmen 5
2 Gleichungssysteme zeichnerisch lösen 6
3 Gleichungssysteme durch Einsetzen und Gleichsetzen lösen 7
4 Gleichungssysteme durch Addieren lösen 8
5 Gleichungssysteme lösen 9
6 Sachaufgaben mit Gleichungssystemen lösen 10
Diplom 11

2 Quadratische Funktionen und Gleichungen 12
1 Quadratische Funktionen $x \rightarrow ax^2$ 12
2 Quadratische Funktionen $x \rightarrow ax^2 + c$ 13
•3 Quadratische Funktionen $x \rightarrow a(x + b)^2$ 14
•4 Scheitelpunktsform quadratischer Funktionen $x \rightarrow a(x + b)^2 + c$ 15
•5 Nullstellen quadratischer Funktionen bestimmen 16
•6 Quadratische Gleichungen zeichnerisch lösen 17
•7 NT Funktionen darstellen 18
8 Quadratische Gleichungen mit der Formel lösen 19
9 Sachaufgaben mit quadratischen Gleichungen lösen 20
Diplom 21

3 Potenzen und Potenzfunktionen 22
1 Potenzen mit ganzzahligem Exponent 22
2 Zehnerpotenzen 23
3 Parabeln 24
4 Hyperbeln 25
5 Wurzeln und Wurzelfunktionen 26
6 Potenzen mit rationalem Exponent 27
7 NT Parabeln und Hyperbeln darstellen 28
Diplom 29

4 Trigonometrie 30
1 Rechtwinklige Dreiecke konstruieren und berechnen 30
2 Sinus 31
3 Kosinus 32
4 Tangens 33
5 Berechnungen an rechtwinkligen Dreiecken 34
6 Anwendungen in der Geometrie 35
7 Sachaufgaben mit Sinus, Kosinus und Tangens lösen 36
Diplom 37

5 Trigonometrische Funktionen 38
1 Periodische Vorgänge 38
•2 Sinusfunktion 39
•3 Kosinusfunktion 40
•4 Tangensfunktion 41
•5 NT Trigonometrische Funktionen 42

6 Trigonometrische Berechnungen 43
1 Der Sinussatz 43
2 Der Kosinussatz 44
3 Dreiecke mit Winkelsätzen berechnen 45
4 Winkelsätze in der Geometrie anwenden 46
•5 Winkelsätze zur Vermessung anwenden 47
•6 Winkelsätze in Physik und Technik anwenden 48
Diplom 49

7 Mit Formeln rechnen 50
1 Formeln aufstellen 50
2 Formeln umformen 51
3 Formeln in der Zinsrechnung anwenden 52
4 Formeln bei Flächeninhalten anwenden 53
5 Formeln bei Flächensätzen anwenden 54
6 Formeln zusammensetzen und vereinfachen 55
7 Formeln bei Rauminhalten anwenden 56
Diplom 57

8 Körper 58
1 Schrägbilder von Körpern zeichnen 58
2 Pyramiden 59
3 Kegel 60
4 Pyramidenstümpfe 61
5 Kegelstümpfe 62
6 Kugeln 63
7 Volumen zusammengesetzter Körper berechnen 64
8 Sachaufgaben mit Körperberechnungen lösen 65
Diplom 66

9 Wachstumsprozesse 67
1 Lineares Wachstum 67
2 Exponentielles Wachstum: Zunahme 68
3 Exponentielles Wachstum: Abnahme 69
4 Zinseszinsen 70
5 NT Lineares und exponentielles Wachstum 71

10 Sachthemen 72
1 Ökologischer Wert von Bäumen 72
2 Verkehrsdichte 73
3 Energiesparlampen 74
4 Müllgebühren 75
5 Stromabrechnung 76
6 Kosten fürs Auto 77
7 Autoversicherung 78
8 Sparen 79
9 Kredite 80
10 Gehaltsmitteilung 81
11 Rechnungen 82

Formelsammlung 83

Hinweise

Dieses **Arbeitsheft** kann lehrbuchunabhängig im Unterricht eingesetzt werden:
– zusätzlich zu jedem Lehrwerk
– als alleiniges Begleitwerk für den Mathematikunterricht

Aufbau einer Standardseite:

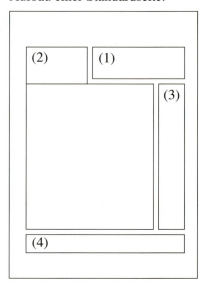

(1) **Kasten**
mit Definitionen, Informationen, Beispielen und Musterlösungen,
Nebenrechnungen sind als solche gekennzeichnet,
die Rechnungen dazu sind kursiv.

(2) **Aufgaben zum direkten Eintragen**
– Ergebnisse können in vorbereitete Tabellen,
Diagramme, ... eingetragen werden
– Schrittfolgen können nachvollzogen werden
– Aufgaben in zwei Differenzierungsstufen:
  1 normales Niveau
  •2 erhöhtes Niveau, Zusatzinhalte
– Lösungen dieser Aufgaben im Lehrerband oder
  Lösungskontrolle ✓ durch den Schüler

(3) **Randspalte**
mit besonders wichtigen Anmerkungen zur Bearbeitung der
Aufgaben:

 Hinweise, Tipps zur Bearbeitung

 Erinnerung an bekannte mathematische Inhalte

 Achtung! Wichtige Regeln und Hinweise

 Lösungskontrolle durch Abstreichen möglich

 Tastenfolge für den Taschenrechner

 Formelsammlung auf den Seiten 83 und 84 dieses Arbeitsheftes

(4) **Zusätzliche Übungsaufgaben**
– sie enthalten gleiche Aufgabenstellungen wie in Teil (2),
– sie sind den Aufgaben von Teil (2) durch eine gemeinsame Kennzeichnung
  zugeordnet. Beispiel: zur Aufgabe 3 gehören die Übungsaufgaben 3.1 und 3.2,
– die Lösungen aller Aufgaben sind im „Arbeitsheft – Lösungen" abgedruckt.

NT-Lerneinheiten beziehen sich auf den Einsatz von **Neuen Technologien** (Computer) im Unterricht.

Diplomseiten
– Wichtige Kapitel werden mit einer Diplomseite abgeschlossen.
– Diese Diplomseiten sind als Lernkontrolle gedacht. Die Aufgaben werden in jeweils drei Schwierigkeitsstufen angeboten:

☆ (Stern) leicht; ☾ (Mond) mittel; ☀ (Sonne) schwierig

– Die Schülerinnen und Schüler können zu jeder Aufgabennummer die Schwierigkeitsstufen auswählen.
  Es können auch mehrere Aufgaben zu einer Nummer gelöst werden. Es wird nur die beste richtig gelöste Aufgabe
  zu jeder Aufgabennummer gewertet.
– Die Auswertung der Lernkontrolle wird in drei Diplomen (Bronze – Silber – Gold) vorgenommen.
  Die Mindestanforderung für die entsprechenden Diplome ist jeweils vorgegeben.

1 Lineare Gleichungen

1 Lösungspaare linearer Gleichungen bestimmen

1 Bestimme Lösungspaare der Gleichung
$2y + x = 2$.

(1) $\underline{2y + x = 2 \quad | - x}$

$\underline{\quad 2y = -x + 2 \quad | : 2}$

$\underline{\quad y = -\tfrac{1}{2}x + 1}$

(2) $x = -2; \quad x = 0; \quad x = 2$

$\underline{y = -\tfrac{1}{2}(-2)+1} \quad \underline{y = -\tfrac{1}{2} \cdot 0 + 1} \quad \underline{y = -\tfrac{1}{2} \cdot 2 + 1}$

$\underline{y = 2} \qquad \underline{y = 1} \qquad \underline{y = 0}$

(3)

x	−2	0	2
y	*2*	*1*	*0*

Lösungspaare einer linearen Gleichung bestimmen

(1) In die Normalform $y = m \cdot x + c$ umformen	$-x + 3y = -6 \quad |+x$ $3y = x - 6 \quad |:3$ $y = \tfrac{1}{3}x - 2$	
(2) Werte für x einsetzen, y berechnen	$x = 0$ $y = \tfrac{1}{3} \cdot 0 - 2$ $y = -2$	$x = 3$ $y = \tfrac{1}{3} \cdot 3 - 2$ $y = -1$
(3) Lösungspaare in Tabelle eintragen	x | 0 | 3 y | −2 | −1	

---

2 a) Trage die Lösungspaare aus Aufgabe 1 als Punkte in das Koordinatensystem ein. Zeichne die Gerade.
b) Bestimme m und c. Gib die Geradengleichung an.

$m = \underline{-\tfrac{1}{2}} \quad ; \quad c = \underline{1} \quad ; \quad y = \underline{-\tfrac{1}{2}x + 1}$

3 a) Gib die Geradengleichung an.
$m = -\tfrac{2}{3}; \qquad c = 2$

$y = \underline{-\tfrac{2}{3}x + 2}$

b) Berechne die y-Werte, trage sie ein.

x	−6	−3	0	3	6
y	*6*	*4*	*2*	*0*	*−2*

c) Übertrage die Punkte in das Koordinatensystem (Fig. 1). Zeichne die Gerade.

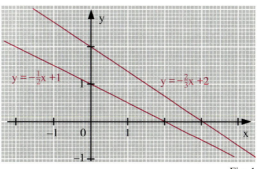

Fig. 1

4 Auf welcher der drei Geraden liegen die Punkte
A(−3|7), B(−2|−1), C(0|4), D(2|7),
E(3|−3,5)? Kreise die Lösungspaare ein.

x	⊙−3	⊙−2	⊙0	⊙2	⊙3
y = 2x + 3	−3	−1	3	⊙7	9
y = −x + 4	⊙7	6	⊙4	2	1
y = −½x − 2	−½	⊙−1	−2	−3	⊙−3½

Normalform $y = mx + c$
Steigung m
y-Achsenabschnitt c

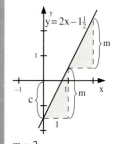

$m = 2$
$c = -1\tfrac{1}{2}$

1.1
a) $y + x = 3$ b) $2y - 4x = 4$
c) $18x - 6y = 12$ d) $2x + 4y = 16$ e) $3y - 6x = -2$
f) $4x - 2y = 6$ g) $6x + 3y + 9 = 0$ h) $-x - 2y = -2$
i) $2x + 2y - 4 = 0$ j) $4{,}5x - 1{,}5y = 6$ k) $-18 + 6y = -3x$
•l) $5y - 2\tfrac{1}{2}x = 7\tfrac{1}{2}$ •m) $4y + 2\tfrac{2}{3}x + \tfrac{2}{3} = 0$ •n) $2y - 1{,}5x - 1\tfrac{3}{5} = 0$

3.1
a) $m = 3; \ c = 2$ b) $m = -2; \ c = 4$
c) $m = \tfrac{1}{2}; \ c = -3$ d) $m = -1; \ c = 1{,}5$ e) $m = -\tfrac{1}{2}; \ c = -3$
f) $m = -2\tfrac{1}{2}; \ c = 3\tfrac{1}{2}$ g) $m = \tfrac{2}{3}; \ c = -2$ h) $m = 2{,}5; \ c = -\tfrac{1}{2}$
i) $m = -\tfrac{3}{4}; \ c = \tfrac{2}{3}$ j) $m = \tfrac{3}{5}; \ c = -1{,}5$ k) $m = -\tfrac{2}{3}; \ c = -\tfrac{1}{4}$

2.1 a) Trage die Lösungspaare aus Aufgabe 1.1 als Punkte in ein Koordinatensystem ein. Zeichne die Gerade.
b) Bestimme m und c.
c) Gib die Geradengleichung an.

4.1 a) A(−2|2,5), B(4|3,5), C(3|1), D(2|2), E(−1|4)
$y = x - 2; \ y = -x + 3; \ y = 1{,}5x - 2{,}5; \ y = -\tfrac{1}{2}x + 1\tfrac{1}{2}$
b) A(0|2), B(3|−2¼), C(−3|−2,5), D(−2|¼), E(2|−½)
$y = x + 2; \ y = \tfrac{1}{2}x - 1; \ y = -\tfrac{2}{3}x + \tfrac{5}{6}; \ y = -\tfrac{1}{2}x - \tfrac{3}{4}$

Lineare Gleichungen

2 Gleichungssysteme zeichnerisch lösen

1 Löse das Gleichungssystem zeichnerisch. Mache die Probe.
$y = -\frac{1}{3}x + 2$
$y = x - 2$

(1)
(2)

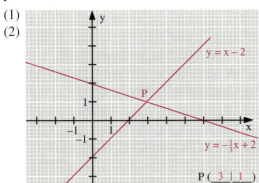

P(_3_ | _1_)

Gleichungssystem zeichnerisch lösen

$y = 2x - 1$
$y = -\frac{1}{2}x + 4$

(1) Beide Geraden zeichnen

(2) Koordinaten des Schnittpunkts P(x | y) ablesen

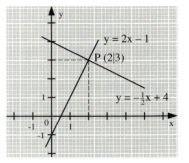

(3)

Gleichung	x = _3_ ; y = _1_	wahr/falsch
$y = -\frac{1}{3}x + 2$	$1 = -\frac{1}{3} \cdot 3 + 2$	*wahr*
$y = x - 2$	$1 = 3 - 2$	*wahr*

(3) Probe machen, dazu Koordinaten in die Ausgangsgleichungen einsetzen

Gleichung	x = 2; y = 3 einsetzen	wahr/falsch
$y = 2x - 1$	$3 = 2 \cdot 2 - 1$	wahr
$y = -\frac{1}{2}x + 4$	$3 = -\frac{1}{2} \cdot 2 + 4$	wahr

2 Forme die Gleichungen zuerst in die Normalform um. Löse das Gleichungssystem zeichnerisch. Mache die Probe.

a) $2x + 2y = 6$
$-5x + 5y = -5$

b) $2x + 4y = 6$
$-x + 3y + 3 = 0$

$2x + 2y = 6$	$-5x + 5y = -5$	$2x + 4y = 6$	$-x + 3y + 3 = 0$
$y = -x + 3$	*$y = x - 1$*	*$y = -\frac{1}{2}x + 1\frac{1}{2}$*	*$y = \frac{1}{3}x - 1$*

(1)
(2)

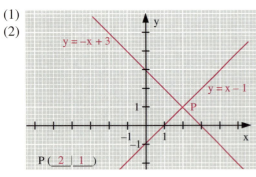

P(_2_ | _1_)

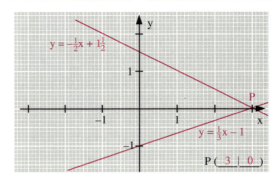

P(_3_ | _0_)

(3)
Gleichung	x = _2_ ; y = _1_	wahr/falsch
$y = -x + 3$	*$1 = -2 + 3$*	*wahr*
$y = x - 1$	*$1 = 2 - 1$*	*wahr*

(3)
Gleichung	x = _3_ ; y = _0_	wahr/falsch
$y = -\frac{1}{2}x + 1\frac{1}{2}$	*$0 = -\frac{1}{2} \cdot 3 + 1\frac{1}{2}$*	*wahr*
$y = \frac{1}{3}x - 1$	*$0 = \frac{1}{3} \cdot 3 - 1$*	*wahr*

Wertepaar
P(2|3)
↑ ↑
x = 2 y = 3

Gleichung vor dem Zeichnen in die Normalform umformen.

$3x + 6y = 18 \ |-3x$
$6y = -3x + 18 \ |:6$
$y = -\frac{1}{2}x + 3$

1.1
a) $y = x - 4$
$y = -x + 2$
c) $y = \frac{1}{2}x - 2$
$y = -x + 1$
b) $y = 2x + 3$
$y = -3x + 8$
d) $y = x - 1$
$y = -\frac{1}{3}x + 3$
e) $y = \frac{1}{2}x + 4$
$y = -\frac{1}{2}x + 2$

2.1
a) $2y - 4x = 6$
$y + x = 3$
c) $2y - 6x = -6$
$2y + x = 8$
b) $3y + 3x + 3 = 0$
$2y - 4x = 16$
d) $3y + x = 2$
$y - x = 2$
e) $2y - x = -1$
$y - 2x = 1$

Lineare Gleichungen

3 Gleichungssysteme durch Einsetzen und Gleichsetzen lösen

1 Löse das Gleichungssystem durch Einsetzen.
$3x + 2y = 7$
$y = x - 4$

(1) $3x + 2 \cdot (x - 4) = 7$

(2) $3x + 2x - 8 = 7$ | $+ 8$

$5x = 15$ | $: 5$

$x = 3$

(3) $y = x - 4$

$y = 3 - 4$

$y = -1$

(4) $(3 | -1)$

Gleichungssystem durch Einsetzen lösen	$2y - 4x = -6$ $y = x + 2$		
(1) **Einsetzen**, dazu eine Gleichung in die andere einsetzen	$2(x + 2) - 4x = -6$		
(2) Gleichung durch Umformen lösen	$2x + 4 - 4x = -6$ $-2x + 4 = -6$ $-2x = -10$ $x = 5$	$\|-4$ $\|:(-2)$	
(3) Anderen Wert (x oder y) berechnen	$y = x + 2$ $y = 5 + 2 = 7$	$\|x = 5$	
(4) Lösung notieren	$(5 \| 7)$		
(5) Probe machen, dazu Koordinaten in die Ausgangsgleichung einsetzen	Gleichung $2y-4x=-6$ $y=x+2$	$x=5; y=7$ $2 \cdot 7 - 4 \cdot 5 = -6$ $7 = 5 + 2$	wahr/falsch wahr wahr

2 Löse durch Einsetzen. Mache die Probe.
$x = 10 - y$
$4x + 8y = -24$

(1) $4 \cdot (10 - y) + 8y = -24$

(2) (3) $40 - 4y + 8y = -24$ | $- 40$

$4y = -64$ | $: 4$

$y = -16$

$x = 10 + 16 = 26$

(4) $(26 | -16)$

(5) Gleichung	$x = 26$; $y = -16$	wahr/falsch
$x = 10 - y$	$26 = 10 + 16$	wahr
$4x + 8y = -24$	$4 \cdot 26 + 8(-16) = -24$	wahr

3 Löse durch Gleichsetzen. Mache die Probe.
$y = x - 6$
$y = \frac{1}{2}x - 2$

(1) $x - 6 = \frac{1}{2}x - 2$ | $\cdot 2$

(2) (3) $2x - 12 = x - 4$ | $- x; + 12$

$x = 8$

$y = 8 - 6$

$y = 2$

(4) $(8 | 2)$

(5) Gleichung	$x = 8$; $y = 2$	wahr/falsch
$y = x - 6$	$2 = 8 - 6$	wahr
$y = \frac{1}{2}x - 2$	$2 = \frac{1}{2} \cdot 8 - 2$	wahr

zu 3
Gleichungssysteme durch **Gleichsetzen** lösen
(1) Gleichsetzen
(2) Gleichung durch Umformen lösen
(3) Anderen Wert berechnen.
(4) Lösung notieren
(5) Probe machen

Lösung notieren
$(5 | 7)$ oder $L = \{(5 | 7)\}$

Gleichsetzen ist vorteilhaft, wenn beide Gleichungen nach der gleichen Variablen umgeformt sind.

Einsetzen ist vorteilhaft, wenn bereits eine der Gleichungen nach einer Variablen umgeformt ist.

1.1
a) $2x + y = 15$
$\quad y = 3x$
b) $6x + y = -4$
$\quad y = -3x + 2$
c) $x = 4 - 2y$
$\quad 3x + y = -3$
d) $25x + 12y = 2$
$\quad y = -4x + 4$
e) $y = \frac{2}{3}x + 8$
$\quad 3y - 4x = 12$

2.1
a) $x + y = 12$
$\quad 2x - 2y = 16$
b) $3x + 2y = 25$
$\quad x + y = 5$

3.1
a) $y = 3x$
$\quad y = 6x - 9$
b) $y = 3x - 5$
$\quad y = -2x + 10$
c) $y = x - 6$
$\quad y = \frac{1}{2}x - 2$
d) $y = 3x - 2$
$\quad y = -x + 3$
e) $y = x + 2$
$\quad y = 3x - 4$
f) $y = \frac{1}{3}x + \frac{1}{2}$
$\quad y = \frac{1}{4}x + 1$
•g) $6x - 5y = -11$
$\quad 2x + y = -1$
•h) $2x - 9y = 11$
$\quad 7y = 2x + 5$

Lineare Gleichungen

4 Gleichungssysteme durch Addieren lösen

1 Löse durch Addieren.
$3x - 2y = 2$
$-3x + 7y = 3 \mid +$

(1) $5y = 5 \mid : 5$

(2) $y = 1$

(3) $3x - 2y = 2$ $\mid y = 1$

   $3x - 2 \cdot 1 = 2$ $\mid + 2$

   $3x = 4$ $\mid : 3$

   $x = \frac{4}{3} = 1\frac{1}{3}$

(4) $(1\frac{1}{3} \mid 1)$

Gleichungssystem durch Addieren lösen	$2x - 3y = 2$ $-2x + 5y = 6$
(1) **Addieren**	$2x - 3y = 2$ $-2x + 5y = 6$ $\mid +$
(2) Gleichung durch Umformen lösen	$2y = 8 \mid : 2$ $y = 4$
(3) Anderen Wert (x oder y) berechnen	$2x - 3y = 2$ $\mid y = 4$ $2x - 3 \cdot 4 = 2$ $2x - 12 = 2$ $\mid + 12$ $2x = 14$ $\mid : 2$ $x = 7$
(4) Lösung notieren	$(7 \mid 4)$
(5) Probe machen, dazu Koordinaten in die Ausgangsgleichung einsetzen	Gleichung $\mid x = 7; y = 4$ $\mid$ wahr/falsch $2x - 3y = 2$ $\mid 2 \cdot 7 - 3 \cdot 4 = 2$ $\mid$ wahr $-2x + 5y = 6$ $\mid -2 \cdot 7 + 5 \cdot 4 = 6$ $\mid$ wahr

2 Löse durch Addieren. Mache die Probe.

a) $2x + 5y = 4$ $\mid \cdot 3$
   $3x - 15y = -39$

(1) $6x + 15y = 12$ $\mid +$
   $3x - 15y = -39$

   $9x = -27$

(2) $x = -3$

(3) $2x + 5y = 4$ $\mid x = -3$

   $2(-3) + 5y = 4$ $\mid + 6; : 5$

       $y = 2$

(4) $(-3 \mid 2)$

(5) | Gleichung | $x = -3; y = 2$ | wahr/falsch |
|---|---|---|
| $2x + 5y = 4$ | $-6 + 10 = 4$ | wahr |
| $3x - 15y = -39$ | $-9 - 30 = -39$ | wahr |

b) $3x + 12y = 24$ $\mid -$
   $3x - 8y = -6$

(1) $20y = 30$ $\mid : 20$

   $y = \frac{30}{20} = \frac{3}{2} = 1\frac{1}{2}$

(2) $3x + 12y = 24$ $\mid y = \frac{3}{2}$

   $3x + 12 \cdot \frac{3}{2} = 24$

(3) $3x + 18 = 24$ $\mid - 18; : 3$

       $x = 2$

(4) $(2 \mid 1\frac{1}{2})$

(5) | Gleichung | $x = 2; y = \frac{3}{2}$ | wahr/falsch |
|---|---|---|
| $3x + 12y = 24$ | $3 \cdot 2 + 12 \cdot \frac{3}{2} = 24$ | wahr |
| $3x - 8y = -6$ | $3 \cdot 2 - 8 \cdot \frac{3}{2} = -6$ | wahr |

Es ist oft erforderlich, eine Gleichung vor dem Addieren umzuformen!

1. Beispiel
$6x + 2y = 6$
$2x - y = 1 \mid \cdot 2$

$6x + 2y = 6$ $\mid +$
$4x - 2y = 2$

2. Beispiel
$6x + 2y = 6$
$2x - y = 1 \mid \cdot (-3)$

$6x + 2y = 6$ $\mid +$
$-6x + 3y = -3$

zu 2b
Gleichungen **subtrahieren,** wenn möglich.

$4x + 3y = 9$ $\mid -$
$4x - 2y = -6$

1.1
a) $3x + 2y = 19$
 $-x - 2y = -1$
b) $y = 2x + 1$
 $y = -2x + 9$
c) $x - 7y = 6$
 $2x - 11y = 18$
d) $9x - y = -34$
 $8x + 2y = 16$
e) $x + y = 5$
 $x = y + 6$
f) $6x - 3y = 3$
 $-4x + 5y = 4$
g) $4x + 12y = 5$
 $x - 2y = 0$
h) $5x + 7y = 1$
 $-10x + 12y = -2$

2.1
a) $3x - 5y = 1$
 $x + y = 3$
b) $4x - 3y = 4$
 $2x - y = 6$
c) $x - 7y = 6$
 $2x - 11y = 18$
d) $9x - 16y = -3$
 $3x + 13y = 24$
e) $3x - y = -8$
 $10x + 3y = 5$
f) $4y = 2x + 10$
 $y = 4x - 8$
g) $7x + y = 4$
 $5x - 3y = 14$
h) $6x + 8y = 23$
 $-2x + 3y = 6,5$

Lineare Gleichungen

5 Gleichungssysteme lösen

1 Löse das Gleichungssystem, wähle ein vorteilhaftes Verfahren.

$y = -2x + 3$
$y = 4x - 9$ **Verfahren: Gleichsetzen**

(1) $-2x + 3 = 4x - 9$ $| + 2x$
(2) $6x - 9 = 3$ $| + 9$
    $6x = 12$ $| : 6$
    $x = 2$
(3) $y = 4x - 9$ $| x = 2$
    $y = 4 \cdot 2 - 9$
    $y = -1$
(4) $(2 | -1)$

Gleichungssysteme kann man mit drei Verfahren lösen.

	Einsetzen	Gleichsetzen	Addieren
	$2x + 4y = -4$ $x = 2y + 10$	$y = x - 6$ $y = 4 - x$	$-x - 2y = -1$ $\Big\rvert +$ $3x + 2y = 19$
(1)	$2(2y + 10) + 4y = -4$	$x - 6 = 4 - x$	$2x = 18$ $\mid : 2$
(2)	$4y + 20 + 4y = -4$ $\mid -20$ $8y = -24$ $\mid : 8$ $y = -3$	$2x - 6 = 4$ $\mid +6$ $2x = 10$ $\mid : 2$ $x = 5$	$x = 9$
(3)	$x = 2y + 10$ $\mid y = -3$ $x = 2(-3) + 10$ $x = -6 + 10$ $x = 4$	$y = x - 6$ $\mid x = 5$ $y = 5 - 6$ $y = -1$	$-x - 2y = -1$ $\mid x = 9$ $-9 - 2y = -1$ $-2y = 8$ $y = -4$
(4)	$(4 \mid -3)$	$(5 \mid -1)$	$(9 \mid -4)$

2 $4x + 12y = -4$ $\Big\rvert +$ **Verfahren: Addieren**
     $6x - 12y = 54$

(1) $10x = 50$ $| : 10$
(2) $x = 5$
(3) $4x + 12y = -4$ $| x = 5$
    $4 \cdot 5 + 12y = -4$
    $20 + 12y = -4$ $| -20$
    $12y = -24$ $| : 12$
    $y = -2$
(4) $(5 | -2)$

3 $5x - 2y = 3$ **Verfahren: Einsetzen**
     $x = 4y + 1$

(1) $5(4y + 1) - 2y = 3$
(2) $20y + 5 - 2y = 3$ $| -5$
    $18y = -2$ $| : 18$
    $y = -\frac{1}{9}$
(3) $x = 4y + 1$ $| y = -\frac{1}{9}$
    $x = 4 \cdot (-\frac{1}{9}) + 1$
    $x = -\frac{4}{9} + 1$
    $x = \frac{5}{9}$
(4) $(\frac{5}{9} | -\frac{1}{9})$

Einsetzen ist vorteilhaft, wenn bereits eine der Gleichungen nach einer Variablen umgeformt ist.
$2x + 4y = -4$
$x = 2y + 10$

Gleichsetzen ist vorteilhaft, wenn beide Gleichungen bereits nach der gleichen Variablen umgeformt sind.
$y = x - 6$
$y = 4 - x$

Addieren ist vorteilhaft, wenn eine Variable in beiden Gleichungen als gleiches Vielfaches mit verschiedenem Vorzeichen steht.
$-x - 2y = -1$
$3x + 2y = 19$

Löse das Gleichungssystem, wähle ein vorteilhaftes Verfahren.

1.1 a) $x = -y + 5$ b) $y = 2x + 1$ c) $y = 2x - 14$
       $x = y + 6$ $y = -2x + 9$ $y = 16 - 4x$

2.1 a) $3x + 2y = 19$ b) $4x + 12y = 20$ c) $18x - 2y = -68$
       $-x - 2y = -1$ $-4x + 8y = 0$ $8x + 2y = 16$

3.1 a) $x = 6 + 7y$ b) $16x + 4y = 32$ c) $6x + 12y = -12$
       $2x - 11y = 18$ $y = 9x + 34$ $x = 2y + 10$

4 a) $y = \frac{2}{3}x + 8$ b) $5x - 2y = 3$ c) $4x + 12y = -4$
     $\frac{1}{2}y = 2 + \frac{2}{3}x$ $x = 4y + 1$ $2x - 4y = 18$

9

Lineare Gleichungen

6 Sachaufgaben mit Gleichungssystemen lösen

1 Ulla kauft einen Fernseher und einen Videorecorder. Sie zahlt 1298 €. Der Fernseher kostet 239 € mehr als der Videorecorder.

(1) Fernseher *x*   Videorecorder *y*

(2) *x + y = 1298*

   x = y + 239

(3) *2y + 239 = 1298* |− 239 |: 2

   y = 529,50

   x = 529,50 + 239

   x = 768,50

(4) *Der Fernseher kostet 768,50 € und der Videorecorder 529,50 €.*

Herr und Frau Tolan verdienen zusammen 3700 €. Frau Tolan verdient 370 € mehr als ihr Mann. Wie viel Euro verdient Frau Tolan, wie viel Euro Herr Tolan?

(1) Variablen festlegen	Frau Tolan x Herr Tolan y
(2) Gleichungssystem aufstellen	x + y = 3700 y = x − 370
(3) Gleichungssystem lösen – Einsetzen? – Gleichsetzen? – Addieren?	|Einsetzen x + (x − 370) = 3700 2x − 370 = 3700 |+ 370 2x = 4070 |: 2 x = 2035 y = 2035 − 370 y = 1665
(4) Antwort notieren	Frau Tolan verdient 2035 €, Herr Tolan verdient 1665 €.

---

2 Ein Gemeinderat berät zwei Finanzierungsvorschläge zum Bau einer Kläranlage.

Vor-schlag	Abgabe je Ar in €	einmalige Zahlung in €
A	450	−
B	200	1500

a) Trage die Beträge in die Tabelle ein.

	2 Ar	4 Ar	6 Ar	8 Ar
A	*900*	*1800*	*2700*	*3600*
B	*1900*	*2300*	*2700*	*3100*

b) Bei welcher Ar-Größe sind die Vorschläge A und B preisgleich? Löse mit einem Gleichungssystem.

(1) Anzahl Ar *x*   Gesamtpreis *y*

(2) *y = 450x*

   y = 200x + 1500

(3) *450x = 200x + 1500* |− 200x |: 250

   x = 6

(4) *Bei einer Größe von 6 Ar sind die Vorschläge preisgleich.*

3 a) Übertrage die Werte (Aufgabe 2) zu Vorschlag A und zu B in das Koordinatensystem. Verbinde zugehörige Punkte.

b) Gib den Schnittpunkt der Geraden an.   *P (6 | 2700)*

c) Färbe den Abschnitt auf den Geraden *grün*, wo Vorschlag A günstiger ist, *rot*, wo Vorschlag B günstiger ist.

d) Vorschlag A ist günstiger *bis 6 Ar.*

   Vorschlag B ist günstiger *bei mehr als 6 Ar.*

   Vorschläge A und B sind gleich günstig *bei 6 Ar.*

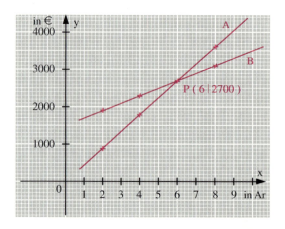

Einsetzen ist vorteilhaft, wenn bereits eine der Gleichungen nach einer Variablen umgeformt ist.

Gleichsetzen ist vorteilhaft, wenn beide Gleichungen bereits nach der gleichen Variablen umgeformt sind.

Addieren ist vorteilhaft, wenn eine Variable in beiden Gleichungen als gleiches Vielfaches mit verschiedenem Vorzeichen steht.

1 Ar = 100 m²

---

4 Maren kauft Briefmarken zu 0,56 € und 1,53 €. Sie bezahlt 13,25 € für insgesamt 15 Briefmarken. Wie viele Marken von jeder Sorte hat sie gekauft?

5 Der Umfang eines gleichschenkligen Dreiecks beträgt 22,0 cm. Jeder Schenkel ist 3,5 cm länger als die Grundseite. Berechne die Länge der Seiten.

DIPLOM

	☆	☽	☀
1	Bestimme Lösungspaare der linearen Gleichung $y = 2x - 4$.	Bestimme Lösungspaare der linearen Gleichung $y + 3x = 6$.	Bestimme Lösungspaare der linearen Gleichung $\frac{1}{2}y - 2x + 8 = 0$.
	x: −4, −2, 0, 2 y: *−12, −8, −4, 0*	x: −4, −2, 0, 2 y: *18, 12, 6, 0*	x: −4, −2, 0, 2 y: *−32, −24, −16, −8*
2	Löse zeichnerisch. $y = \frac{1}{2}x$; $y = -\frac{1}{2}x + 2$ P(*2* | *1*)	Löse zeichnerisch. $y = -x + 3$; $2x + 4y = 8$ P(*2* | *1*)	Löse zeichnerisch. $-6x + 3y = -3$; $x - y = 2$ P(*−1* | *−3*)
3	Löse durch Einsetzen. $2y + x = 8$; $y = x - 1$ *$2(x - 1) + x = 8$* *$x = \frac{10}{3} = 3\frac{1}{3}$, $y = \frac{7}{3} = 2\frac{1}{3}$* *$(3\frac{1}{3} | 2\frac{1}{3})$*	Löse durch Einsetzen. $2y = x + 2$; $y + 2x = 6$ *$2(-2x + 6) = x + 2$* *$x = 2$; $y = 2$* *$(2|2)$*	Löse durch Einsetzen. $2y = -6x + 14$; $y - 3x + 11 = 0$ *$2(3x - 11) = -6x + 14$* *$x = 3$; $y = -2$* *$(3|-2)$*
4	Löse durch Gleichsetzen. $y = x + 2$; $y = 3x + 4$ *$x + 2 = 3x + 4$* *$x = -1$; $y = 1$* *$(-1|1)$*	Löse durch Gleichsetzen. $y = -x + 2$; $4x + 2y = 8$ *$-x + 2 = -2x + 4$* *$x = 2$; $y = 0$* *$(2|0)$*	Löse durch Gleichsetzen. $3x - 4y = 3$; $-x + 3y = 9$ *$\frac{4}{3}y + 1 = 3y - 9$* *$y = 6$; $x = 9$* *$(9|6)$*
5	Löse durch Addieren. $3x - 2y = 5$; $4x + 2y = 9$ *$7x = 14$* *$x = 2$; $y = \frac{1}{2}$* *$(2|\frac{1}{2})$*	Löse durch Addieren. $4x - 3y = 4$; $2x - y = 6 \;|\cdot(-2)$ *$-y = -8$* *$y = 8$; $x = 7$* *$(7|8)$*	Löse durch Addieren. $3x - 5y = 4 \;|\cdot 5$; $5x - 8y = 5 \;|\cdot(-3)$ *$-y = 5$* *$y = -5$; $x = -7$* *$(-7|-5)$*
	Bronze: ☆☆☆☆	Silber: ☽☽☽☆☆	Gold: ☀☀☀☽☽

2 Quadratische Funktionen und Gleichungen

1 Quadratische Funktionen x → ax²

1 Bestimme die Koordinaten der markierten Punkte der Normalparabel, y = x².

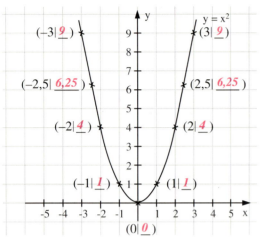

(−3|*9*) (3|*9*)
(−2,5|*6,25*) (2,5|*6,25*)
(−2|*4*) (2|*4*)
(−1|*1*) (1|*1*)
(0|*0*)

Die Graphen quadratischer Funktionen **x → ax²** sind **Parabeln.** Sie sind achsensymmetrisch zur y-Achse, ihr Scheitelpunkt ist S(0|0).
Die Parabeln **y = ax²** können aus der Normalparabel (NP) y = x² entwickelt werden.

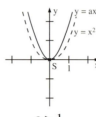 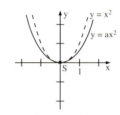 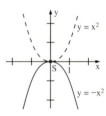

| a > 1 | 0 < a < 1 | a = −1 |
| NP gestreckt | NP gestaucht | NP an x-Achse gespiegelt |

2 a) Fülle die Tabelle vollständig aus. Runde auf Zehntel.

x	−2,0	−1,5	−1,0	−0,5	0
y = x²	4	*2,3*	*1*	*0,3*	*0*
y = 1,5x²	*6*	*3,4*	*1,5*	*0,4*	*0*
y = 0,5x²	*2*	*1,1*	*0,5*	*0,1*	*0*
y = −0,5x²	*−2*	*−1,1*	*−0,5*	*−0,1*	*0*

b) Zeichne die Parabeln aus Aufgabe 2a in das Koordinatensystem.

3 Zeichne die Parabeln mithilfe einer Achsenspiegelung in das Koordinatensystem.
a) y = −x²;   b) y = −1,5x²

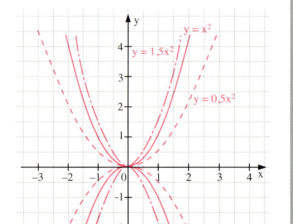

4 Vergleiche mit der Normalparabel.

a) y = 0,5x²   **NP gestaucht**

b) y = −1,5x²   **NP gestreckt, gespiegelt**

c) y = −x²   **NP gespiegelt**

5 Die Punkte P₁, P₂, P₃ liegen auf einer Parabel. Gib die Gleichung an.

P₁	P₂	P₃	Gleichung
(0|0)	(1|3)	(3|27)	*y = 3x²*
(2|−8)	(1|−2)	(−1,5|−4,5)	*y = −2x²*

Parabeln der Form y = ax² gehen durch den Punkt P (1|a)!

Zum schnellen Zeichnen der Normalparabel benutzt man häufig eine Zeichenschablone.

1.1 Zeichne die Parabeln y = x² und y = −x².

2.1 Übertrage die Tabelle in dein Heft und fülle sie aus. Zeichne die zugehörigen Parabeln.

x	0	0,5	1	1,5	2	2,5	3
y = x²							
y = 1,2x²							
y = 0,8x²							
y = −0,75x²							

3.1 Zeichne die Parabel y = ¼x². Spiegele sie an der x-Achse. Gib die Gleichung für die gespiegelte Parabel an.

3.2 Zeichne alle Parabeln aus Aufgabe 2.1 in **ein** Koordinatensystem.

4.1 Vergleiche die Parabeln aus Aufgabe 2.1 mit der Normalparabel.

5.1 Die Punkte P₁, P₂, P₃ liegen auf einer Parabel. Gib die Parabelgleichung an.
a) (1|0,5); (2|2); (3|4,5)   b) (−3|18); (−2|8); (1|2)

12

Quadratische Funktionen und Gleichungen

2 Quadratische Funktionen $x \to ax^2 + c$

1 Bestimme den Scheitelpunkt S.

a) $y = x^2 + 1{,}7$ S *(0 | 1,7)*

b) $y = 0{,}6x^2 - 0{,}3$ S *(0 | −0,3)*

2 Bestimme Scheitelpunkt und Form.

	$y = 2x^2 + 0{,}8$	$y = -\frac{1}{4}x^2 - 3$
Scheitelpunkt	*S (0 | 0,8)*	*S (0 | −3)*
Form	*a = 2; gestreckt*	*a = −¼; gestaucht gespiegelt*

Parabeln mit der Gleichung **y = ax² + c** sind achsensymmetrisch zur y-Achse. Der Scheitelpunkt liegt in S(0|c).

Quadratische Funktion darstellen	$y = \frac{1}{2}x^2 - 3$	
(1) Scheitelpunkt S(0|c) markieren	S(0|−3)	
(2) Form bestimmen – gestreckt? – gestaucht? – gespiegelt?	$a = \frac{1}{2}$ gestaucht	
(3) Punkte bestimmen	A(1|−2,5); B(2|−1); C(3|1,5);	A'(−1|−2,5) B'(−2|−1) C'(−3|1,5)
(4) Parabel zeichnen	Fig. 1	

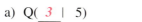

Fig. 1

---

3 Zeichne die Parabel $y = \frac{1}{2}x^2 - 1{,}5$.

(1) Scheitelpunkt markieren   S *(0 | −1,5)*

(2) Form bestimmen $a = \frac{1}{2}$; *gestaucht*

(3) Punkte bestimmen

A (1 | *−1*)   A' (*−1 | −1*)

B (2 | *0,5*)   B' (*−2 | 0,5*)

C (3 | *3*)   C' (*−3 | 3*)

(4) Parabel zeichnen

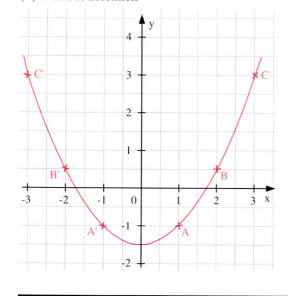

4 Bestimme die x-Koordinaten für die Punkte der Parabel $y = x^2 - 4$.

a) Q(*3* | 5)   Q' (*−3* | 5)

b) P($\sqrt{3}$ | −1)   P' (*−$\sqrt{3}$* | −1)

5 Gib die Gleichung der Parabel an.

a) *y = x² − 3*   b) *y = −x² + 6*

c) *y = x² + 2*   d) *y = ½ x²*

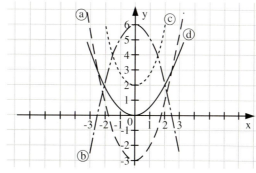

Parabeln mit der Gleichung
y = ax² + c

a bestimmt die Form
a = 1   Normalparabel (NP)
a > 1   NP gestreckt
0 < a < 1   NP gestaucht
a < 0   Parabel an der x-Achse gespiegelt

Achsenabschnitt c bestimmt die Lage
c = 0   S(0|0)
c > 0   S liegt über der x-Achse
c < 0   S liegt unter der x-Achse

zu 4
x-Koordinate bestimmen
Parabel $y = x^2 - 4$
für y = 0
$0 = x^2 - 4$
$x^2 = 4$
x = 2 oder x = −2

2.1 Bestimme für jede Parabel Scheitelpunkt und Form.
a) $y = \frac{2}{5}x^2 - 3$ b) $y = -0{,}2x^2$ c) $y = x^2$
d) $y = -128x^2 + 0{,}5$ e) $y = 1\frac{1}{4}x^2 + 2$ f) $y = -x^2 + \frac{11}{13}$

3.2 Zeichne die Parabel.
a) $y = 1\frac{1}{2}x^2 - 2$ b) $y = -0{,}4x^2 - 0{,}4$ c) $y = -1{,}7x^2 - 3$
d) $y = -x^2 + 1$ e) $y = 1{,}8x^2$ f) $y = 1\frac{3}{4}x^2 + \frac{5}{2}$

3.1 Zeichne die Parabel mit Schablone auf Karopapier.
a) $y = x^2$ b) $y = -x^2$ c) $y = x^2 + 1$
d) $y = -x^2 + 2$ e) $y = x^2 + 0{,}5$ f) $y = x^2 - 3$

4.1 Bestimme die x-Koordinate für die Punkte der Parabel $y = x^2 - 1$.
a) D(■ | 1)   b) A(■ | 0)   c) B(■ | 3)

Quadratische Funktionen und Gleichungen

•3 Quadratische Funktionen $x \to a(x+b)^2$

1 Bestimme Scheitelpunkt S und Form.

	$y = 2(x-1,4)^2$	$y = -0,25(x+1,8)^2$
Scheitel-punkt	*S (1,4 | 0)*	*S (−1,8 | 0)*
Form	*a = 2; gestreckt*	*a = −0,25; gestaucht gespiegelt*

Parabeln mit der Gleichung **y = a(x + b)²** sind achsensymmetrisch zu x = −b. Der Scheitelpunkt liegt in S(−b|0).

Quadratische Funktion darstellen	$y = \frac{1}{2}(x-2)^2$	
(1) Scheitelpunkt S(−b|0) markieren	S(2|0)	
(2) Form bestimmen – gestreckt? – gestaucht? – gespiegelt?	$a = \frac{1}{2}$ gestaucht	
(3) Punkte bestimmen	A(3|0,5) B(4|2) C(5|4,5)	A'(1|0,5) B'(0|2) C'(−1|4,5)
(4) Parabel zeichnen	Fig. 1	

Fig. 1

2 Zeichne die Parabel $y = \frac{1}{2}(x+2)^2$ in Fig. 2.

(1) *S (−2 | 0)*

(2) *a = ½; gestaucht*

(3) *A (−1 | 0,5) B (0 | 2) C (1 | 4,5)*

 A' (−3 | 0,5) B' (−4 | 2) C' (−5 | 4,5)

3 Zeichne die Parabel mithilfe einer Schablone in Fig. 3 ein.

a) $y = (x-1)^2$ b) $y = (x+2,5)^2$

4 Zeichne die Parabel. Forme dazu die rechte Seite der Gleichung in ein Quadrat um.
Zeichne dann mit der Parabelschablone in Fig. 3 ein.

a) $y = x^2 + 4x + 4$
Rechte Seite in ein
Quadrat umformen. $y = (x+2)^2$

Scheitelpunkt *S (−2 | 0)*

b) $y = x^2 + 2x + 1$
Rechte Seite in ein
Quadrat umformen. $y = (x+1)^2$

Scheitelpunkt *S (−1 | 0)*

Fig. 2

Fig. 3

Parabeln mit der Gleichung $y = a(x+b)^2$ kann man aus der Parabel $y = ax^2$ durch Verschieben um b entlang der x-Achse erzeugen.

Summe in ein Quadrat umformen: (Binomische Formeln)
$x^2 + 2xb + b^2 = (x+b)^2$
$x^2 − 2xb + b^2 = (x−b)^2$

zu 4.1
$y = 4x^2 + 24x + 36$
$= 4(x^2 + 6x + 9)$
$= 4(x+3)^2$

1.1 Bestimme für jede Parabel Scheitelpunkt und Form.
a) $y = \frac{2}{5}(x-7)^2$ b) $y = -(x+1\frac{3}{4})^2$ c) $y = \frac{1}{8}(x-5)^2$
d) $y = 0,1(x+0,5)^2$ e) $y = -7(x-\frac{2}{3})^2$ f) $y = (x+7,2)^2$

2.1 Zeichne die Parabel mit Schablone auf Karopapier.
a) $y = x^2$ b) $y = (x-\frac{1}{2})^2$ c) $y = (x+1\frac{1}{2})^2$
d) $y = -x^2$ e) $y = -(x+\frac{1}{2})^2$ f) $y = -(x-2)^2$

2.2 Zeichne die Parabel.   a) $y = 2(x-1)^2$
b) $y = -2(x+1)^2$ c) $y = \frac{1}{2}(x+1\frac{1}{2})^2$ d) $y = -1\frac{1}{4}(x-1)^2$
e) $y = -0,2(x-3)^2$ f) $y = 0,8(x+4)^2$ g) $y = -1,5(x-0,5)^2$

4.1 Zeichne die Parabel.
a) $y = x^2 + 6x + 9$ b) $y = x^2 - 4x + 4$ c) $y = x^2 + 3x + 2\frac{1}{4}$
d) $y = 2x^2 + 12x + 18$ e) $y = 2x^2 - 8x + 8$ f) $y = 5x^2 - 10x + 5$

Quadratische Funktionen und Gleichungen

•4 Scheitelpunktsform quadratischer Funktionen $x \to a(x+b)^2 + c$

1 Zeichne die Parabel $y = \frac{1}{2}(x-1)^2 - 2$.

(1) *S (1|−2)*

(2) *$a = \frac{1}{2}$; gestaucht*

(3) *A (2|−1,5), A' (0|−1,5); B (3|0), B' (−1|0)*

(4)

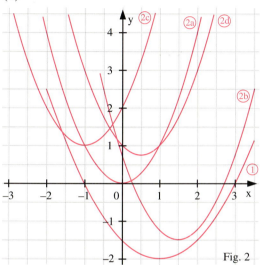

Fig. 2

Parabeln mit der Gleichung $y = a(x+b)^2 + c$ sind achsen-symmetrisch zu $x = -b$. Der Scheitelpunkt liegt in $S(-b|c)$.

Quadratische Funktion darstellen	$y = \frac{1}{2}(x+1)^2 - 2$	
(1) Scheitelpunkt $S(-b\|c)$ markieren	$S(-1\|-2)$	
(2) Form bestimmen gestreckt? gestaucht? gespiegelt?	$a = \frac{1}{2}$ gestaucht	
(3) Punkte bestimmen	$A(0\|-1,5)$ $B(1\|0)$ $C(2\|2,5)$	$A'(-2\|-1,5)$ $B'(-3\|0)$ $C'(-4\|2,5)$
(4) Parabel zeichnen	Fig. 1	

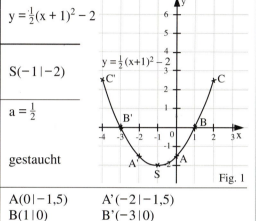
Fig. 1

2 Zeichne die Parabel mit der Schablone in Fig. 2.
a) $y = x^2$
b) $y = (x - 1,5)^2 - 1,5$
c) $y = (x + 1)^2 + 1$
d) $y = (x - 0,5)^2 + 0,8$

3 Gib die Parabelgleichung an. Es handelt sich um verschobene Normalparabeln.

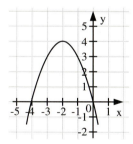
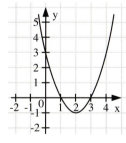

$y = -(x+2)^2 + 4$ $y = (x-2)^2 - 1$

4 Forme die Parabel in die Scheitelpunktsform um.
$y = 3x^2 + 9x + 3$ $|:3$

(1) *$\frac{1}{3}y = x^2 + 3x + 1$*

(2) *$(\frac{3}{2})^2 + \frac{1}{3}y = x^2 + 3x + (\frac{3}{2})^2 + 1$*

(3) *$\frac{9}{4} + \frac{1}{3}y = (x + \frac{3}{2})^2 + 1$*

(4) *$\frac{1}{3}y = (x + \frac{3}{2})^2 + 1 - \frac{9}{4}$*

$\frac{1}{3}y = (x + \frac{3}{2})^2 - \frac{5}{4}$

$y = 3(x + \frac{3}{2})^2 - \frac{15}{4}$

(5) *$S(-\frac{3}{2} | -\frac{15}{4})$*

 zu 4

Umformen in die Scheitelpunktsform
(1) Durch a dividieren
(2) Quadratische Ergänzung addieren
(3) Quadrat bilden
(4) Nach y umformen
(5) Scheitelpunkt notieren

Beispiel
$y = 2x^2 + 6x - 2$

(1) ($a = 2$)
$\frac{1}{2}y = x^2 + 3x - 1$
(2) Quadr. Erg. $(\frac{3}{2})^2$
$(\frac{3}{2})^2 + \frac{1}{2}y = x^2 + 3x + (\frac{3}{2})^2 - 1$
(3) $(\frac{3}{2})^2 + \frac{1}{2}y = (x + \frac{3}{2})^2 - 1$
(4) $y = 2(x + \frac{3}{2})^2 - \frac{13}{2}$
(5) $S(-\frac{3}{2}|-\frac{13}{2})$

1.1 Zeichne die Parabel mit Schablone auf Karopapier.
a) $y = (x-3)^2 + 1$
b) $y = (x+1)^2 - 1,5$
c) $y = -(x-1)^2 + 6$
d) $y = -(x+2)^2 + 3,2$

1.2 Zeichne die Parabel.
a) $y = \frac{1}{2}(x+2)^2 - 3$
b) $y = 2(x-3)^2 - 4$
c) $y = -\frac{1}{4}(x - 1\frac{3}{4})^2 + 4$
d) $y = \frac{2}{3}(x-2)^2 + 6$

1.3 Bestimme Scheitelpunkt und Form der Parabel.
a) $y = 1,4(x+3)^2 - 2,2$
b) $y = -\frac{1}{36}(x + \frac{4}{9})^2 + \frac{7}{36}$

3.1 Gib die Gleichung der verschobenen Normalparabeln (Fig. 3) an.

4.1 Forme in die Scheitelpunktsform um.
a) $y = x^2 + 4x + 5$
b) $y = x^2 - 6x - 3$
c) $y = 7x^2 - 21x + 35$
d) $y = 3x^2 + 4x + 7$
e) $y = \frac{4}{5}x^2 - 3x + \frac{1}{3}$

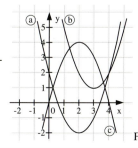
Fig.3

Quadratische Funktionen und Gleichungen

•5 Nullstellen quadratischer Funktionen

1 Bestimme die Anzahl der Nullstellen.

	a	c	Nullstellen
a) $y = x^2 - 0{,}5$	1	$-0{,}5$	zwei
b) $y = x^2 - 1$	*1*	*−1*	*zwei*
c) $y = (x + 2)^2$	*1*	*0*	*eine*
d) $y = 0{,}5x^2 + 1$	*0,5*	*1*	*keine*
e) $y = -4x^2 + 7$	*−4*	*7*	*zwei*
f) $y = -3(x - 2)^2 + 2$	*−3*	*2*	*zwei*
g) $y = 0{,}75(x + 2)^2 + 2$	*0,75*	*2*	*keine*

Die Schnittpunkte der Parabel $y = a(x + b)^2 + c$ mit der x-Achse heißen **Nullstellen.**

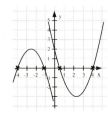 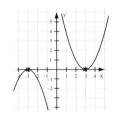 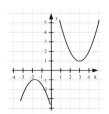

zwei Nullstellen **eine** Nullstelle **keine** Nullstelle
$a > 0$ und $c < 0$ $c = 0$ $a > 0$ und $c > 0$
$a < 0$ und $c > 0$ $a < 0$ und $c < 0$

2 a) Zeichne die Parabel $y = x^2 - 2$ mit der Parabelschablone in Fig. 1 ein.
b) Lies die Nullstellen N_1 und N_2 der Parabel ab.

N_1 *(−1,4 | 0)* N_2 *(1,4 | 0)*

3 a) Bestimme die Nullstellen für $y = x^2 - 2$.

N_1 *($\sqrt{2}$ | 0)* N_2 *(−$\sqrt{2}$ | 0)*

b) Bestimme die Lösungen der Gleichung $x^2 - 2 = 0$. Vergleiche mit den Nullstellen.

1. Lösung: 2. Lösung

$x^2 - 2 = 0$ *$x^2 - 2 = 0$*

$x_1 = \sqrt{2}$ *$x_2 = -\sqrt{2}$*

Nullstelle N(x | 0) ist Schnittpunkt der Parabel mit der x-Achse.

4 a) Zeichne die Parabel $y = (x + 1{,}5)^2 - 1$ in das Koordinatensystem in Fig. 1.
b) Lies die Nullstellen ab.

N_1 *(−0,5 | 0)* N_2 *(−2,5 | 0)*

c) Setze die x-Werte der Nullstellen in die Gleichung $(x + 1{,}5)^2 - 1 = 0$ ein.
Prüfe, ob sie Lösungen der Gleichung sind.

1. Lösung   2. Lösung

$(-0{,}5 + 1{,}5)^2 - 1 = 0$ *$(-2{,}5 + 1{,}5)^2 - 1 = 0$*

$0 = 0$;   wahr   *$0 = 0$;   wahr*

Quadratische Funktion
$x \rightarrow 2(x - 1)^2 - 8$
Zugehörige Parabelgleichung
$y = 2(x - 1)^2 - 8$
Zugehörige quadratische Gleichung
$2(x - 1)^2 - 8 = 0$
oder
$2x^2 - 4x - 6 = 0$
Nullstellen der Funktion und Lösungen der zugehörigen Gleichung
$x_1 = -1$; $x_2 = 3$.

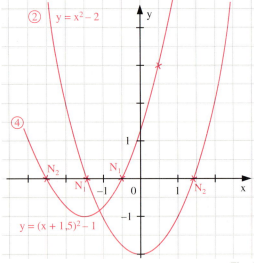

Fig. 1

1.1 Bestimme die Anzahl der Nullstellen.
a) $y = x^2$ b) $y = 2x^2$ c) $y = 5x^2$
d) $y = 2(x - 3)^2$ e) $y = 0{,}3(x + 4)^2$ f) $y = -0{,}2(x - 1)^2$
g) $y = -4(x + 2)^2 - 1$ h) $y = 3(x + 1)^2 + 4$ i) $y = -3(x - 1)^2 + 5$
j) $y = 5(x - 3)^2 + 2$ k) $y = -2(x + 3)^2 - 5$ l) $y = -(x - 0{,}5)^2$

2.1 Zeichne die Parabeln. Bestimme die x-Werte der Nullstellen.
a) $y = x^2 - 4$ b) $y = x^2 - 1$ c) $y = -x^2 + 3$
d) $y = x^2$ e) $y = -(x + 1)^2$ f) $y = (x - 3)^2$
g) $y = x^2 + 1{,}5$ h) $y = -x^2 + 2{,}4$ i) $y = -x^2 - 0{,}5$

2.2 Bestimme die x-Werte der Nullstellen durch Rechnung. Kontrolliere. Zeichne dazu die Parabel mit der Schablone.
a) $y = x^2 - 3$ b) $y = x^2 + 4$ c) $y = x^2 - 5$
d) $y = -x^2 + \frac{9}{4}$ e) $y = x^2 - \frac{4}{25}$ f) $y = x^2 - 1{,}44$

3.1 Bestimme die Nullstellen zeichnerisch.
a) $y = (x - 2)^2 - 1$ b) $y = (x + 1)^2 + 1{,}5$ c) $y = -(x - 0{,}5)^2 + 1$
d) $y = (x - 0{,}8)^2 - 1{,}2$ e) $y = \frac{1}{2}(x - 2)^2 - 2$ f) $y = \frac{1}{4}(x + 1)^2 - 1$

•3.2 a) $y = x^2 + 2x + 1$ b) $y = x^2 - 2x - 3$

Quadratische Funktionen und Gleichungen

•6 Quadratische Gleichungen zeichnerisch lösen

1 Löse zeichnerisch $x^2 - x - 2 = 0$.

(1) $\underline{x^2 = x + 2}$

(2) $\underline{y = x^2}$

   $\underline{y = x + 2}$

(3)

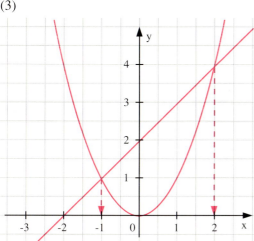

(4) $\underline{x_1 = -1}$; $\underline{x_2 = 2}$

(5) $\underline{L = \{-1; 2\}}$

2 a) Forme die Parabelgleichung
$y = x^2 - x - 2$ in die Scheitelpunktsform um.

$\underline{\tfrac{1}{4} + y = x^2 - x + (\tfrac{1}{2})^2 - 2}$

$\underline{\tfrac{1}{4} + y = (x - \tfrac{1}{2})^2 - 2}$

$\underline{y = (x - \tfrac{1}{2})^2 - 2 - \tfrac{1}{4}}$

$\underline{y = (x - \tfrac{1}{2})^2 - 2\tfrac{1}{4}}$

b) Scheitelpunkt

$\underline{S(\tfrac{1}{2} \mid -2\tfrac{1}{4})}$

Löse die quadratische Gleichung über die Schnittpunkte der Normalparabel mit der zugehörigen Geraden.

	$x^2 + \tfrac{1}{2}x - 3 = 0$
(1) Umformen	$x^2 = -\tfrac{1}{2}x + 3$
(2) Parabelgleichung, Geradengleichung notieren	$y = x^2$ $y = -\tfrac{1}{2}x + 3$
(3) Graphen zeichnen (Schablone)	
(4) x-Werte der Schnittpunkte bestimmen	$x_1 = 1{,}5$ $x_2 = -2$
(5) Lösungsmenge notieren	$L = \{1{,}5; -2\}$

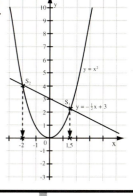

3 a) Zeichne die Parabel aus Aufgabe 2.

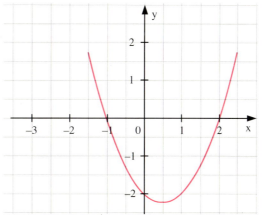

b) Lies die x-Werte der Schnittpunkte der Parabel mit der x-Achse ab.

$x_1 \underline{\ = -1\ }$ $x_2 \underline{\ = 2\ }$

c) Prüfe, ob x_1 und x_2 Lösungen der Gleichung $x^2 - x - 2 = 0$ sind.

$\underline{x_1 = -1}$ $\underline{x_2 = 2}$

$\underline{(-1)^2 - (-1) - 2 = 0}$ $\underline{2^2 - 2 - 2 = 0}$

$\underline{0 = 0;\ \ wahr}$ $\underline{0 = 0;\ \ wahr}$

Scheitelpunktsform der Parabelgleichung

$y = 2(x + 3)^2 - 1$

Scheitelpunkt

$S(-3 \mid -1)$

Normalform der quadratischen Gleichung

$x^2 + px + q = 0$

Nullstelle einer quadratischen Funktion

liegt im Schnittpunkt der Parabel mit der x-Achse.

zu 1.2

Rechne mit Brüchen weiter.

1.1 Löse zeichnerisch, bestimme dazu die x-Werte der Nullstellen.
a) $x^2 - 1 = 0$ b) $x^2 - 4 = 0$ c) $x^2 - 3 = 0$
d) $x^2 = -1$ e) $x^2 = 1{,}5$ f) $x^2 = 2$
g) $(x - 2)^2 - 1 = 0$ h) $(x + 1)^2 = 4$ i) $(x - 3)^2 + 2 = 0$
j) $-x^2 = 2{,}5$ k) $-x^2 = -0{,}5$ l) $-x^2 = 0$

1.2 Löse zeichnerisch.
a) $x^2 - 2x - 3 = 0$ b) $x^2 - x + 4 = 0$ c) $x^2 - 1{,}5x - 1 = 0$
d) $x^2 - 0{,}5x - 3 = 0$ e) $x^2 - x - 0{,}75 = 0$ f) $x^2 - 2x - 2 = 0$
g) $x^2 + \tfrac{2}{3}x - 1 = 0$ h) $x^2 + \tfrac{1}{4}x - 2 = 0$ i) $x^2 + 2x - 1 = 0$

3.1 Löse zeichnerisch auf zwei verschiedene Arten. Schreibe die Gleichung in der Normalform und in der Scheitelpunktsform.
a) $x^2 + 2x - 3 = 0$ b) $x^2 - 1{,}5x - 1 = 0$ c) $x^2 + 1{,}5x - 4{,}5 = 0$
d) $(x + 1)^2 - 4 = 0$ e) $(x - 2)^2 - 1 = 0$ f) $(x + 1)^2 + 1 = 0$
g) $x^2 - 4 = 0$ h) $x^2 - 1{,}5 = 0$ i) $-x^2 + 3 = 0$

4 Löse die beiden Gleichungen mithilfe der Schnittpunkte der Parabel mit der x-Achse.
a) $(x + 1)^2 - 2 = 0$ b) $(x - 1)^2 - 9 = 0$ c) $x^2 - 4 = 0$
   $2(x + 1)^2 - 4 = 0$ $\tfrac{1}{3}(x - 1)^2 - 3 = 0$ $0{,}25 x^2 - 1 = 0$

Quadratische Funktionen und Gleichungen

•7 NT Funktionen darstellen

1 Wie verändert sich der Graph der Funktion $f(x) = a(x + b)^2 + c$, wenn a durch $-a$ ersetzt wird? Untersuche die Parabeln.

a) $f_1(x) = (x + 1)^2 - 1$ und
$f_2(x) = -(x + 1)^2 - 1$

b) $f_3(x) = 1{,}2(x + 1)^2 - 1$ und
$f_4(x) = -1{,}2(x + 1)^2 - 1$

c) $f_5(x) = x^2 + 1$ und $f_6(x) = -x^2 + 1$

Wenn a durch −a ersetzt wird,

wird die Parabel an der Geraden

y = c gespiegelt.

Wie verändert sich der Graph der Funktion $f(x) = a(x + b)^2 + c$, wenn c verändert wird?

(1) Menü „Funktionen" aufrufen

(2) Funktionsterme eingeben

Bildschirmausgabe

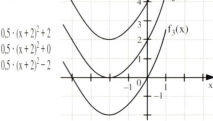

(3) Graph ausdrucken

(4) Auswertung — Parallelverschiebung der Parabel entlang der y-Achse.

2 Untersuche die Funktion $f(x) = mx + b$. Wähle $m = 0{,}4$ und für b nacheinander die Werte $1, 0, -1$.

a) Schreibe die zugehörigen Funktionen auf.

f(x) = 0,4x + 1

f(x) = 0,4x

f(x) = 0,4x − 1

b) Welche Form haben die Graphen?

Es sind Geraden.

c) Wie verändert sich der Graph durch die Veränderung von b?

Die Geraden werden parallel

verschoben.

d) Gib für jeden Graphen den Schnittpunkt S mit der y-Achse an.

S_1 *(0|1)* S_2 *(0|0)*

S_3 *(0|−1)*

3 a) Stelle die Funktionen $f_1(x) = x^2$ und $f_2(x) = 2x + 3$ auf einem Bildschirm dar. Lies die Schnittpunkte der Geraden $y = 2x + 3$ mit der Parabel $y = x^2$ ab.

S_1 *(−1|1)* S_2 *(3|9)*

b) Stelle die Funktion $f(x) = x^2 - 2x - 3$ auf dem Bildschirm dar. Bestimme die Nullstellen.

N_1 *(−1|0)* N_2 *(3|0)*

c) Vergleiche die x-Werte von S_1 und S_2 mit den x-Werten der Nullstellen N_1 und N_2.

Die Werte sind gleich.

d) Prüfe, ob die x-Werte der Nullstellen der Funktion $f(x) = x^2 - 2x - 3$ die Gleichung $x^2 - 2x - 3 = 0$ erfüllen.

x = −1 ; $(-1)^2 - 2(-1) - 3$

        = 1 + 2 − 3 = 0

x = 3 ; $9 - 2 \cdot 3 - 3 = 0$

Die Werte erfüllen die Gleichung.

Die Nullstellen der Funktion $f(x) = ax^2 + bx + c$ ergeben sich aus der Gleichung $0 = ax^2 + bx + c$.

Aus dieser Gleichung erhält man durch Umformen: $ax^2 = -bx - c$

Graphisch bedeutet dies, dass man die Nullstellen als die x-Koordinaten der Schnittpunkte der Parabel $y = ax^2$ mit der Geraden $y = -bx - c$ ermitteln kann.

Schreibweisen für Funktionen
$f(x) = (x+1)^2 + 3$
oder
$x \to (x+1)^2 + 3$

Schreibweise für Parabeln
$y = (x+1)^2 + 3$

1.1 Wie verändert sich der Graph der Funktion $f(x) = (x + b)^2 + c$, wenn b verändert wird? Untersuche die Parabeln $y = (x + 1)^2 + 1$, $y = (x + 0)^2 + 1$ und $y = (x - 1)^2 + 1$.

1.2 a) Vergleiche die Parabeln $y = (x + 0)^2 + 0$ und $y = (x + 0)^2 + 1$. Durch welche Abbildung kann man $y = (x + 0)^2 + 0$ in $y = (x + 0)^2 + 1$ überführen?
b) Vergleiche die Parabeln $y = (x + 0)^2 + 1$ und $y = (x + 1)^2 + 1$. Durch welche Abbildung kann man $y = (x + 0)^2 + 1$ in $y = (x + 1)^2 + 1$ überführen?

2.1 a) Stelle die Funktionen $f(x) = 1{,}2x + 1$; $f(x) = 0{,}6x + 1$; $f(x) = -x + 1$ auf einem Bildschirm dar.
b) Welche Auswirkungen hat die Veränderung von m?

3.1 Bestimme die x-Werte der Nullstellen der Funktion $f(x) = 2x^2 - 0{,}5x - 5$, indem du die Parabel $y = 2x^2$ mit der Geraden $y = 0{,}5x + 5$ schneidest.

4 Untersuche die Parabeln $y = x^2 + 3x$ und $y = x^2 - 3x$. Wie liegen die Parabeln zueinander?

Quadratische Funktionen und Gleichungen

8 Quadratische Gleichungen mit der Formel lösen

1 $x^2 - 4x - 12 = 0$

(1) $x^2 - 4x - 12 = 0$

(2) $p = -4; \ q = -12$

(3) $D = (\frac{-4}{2})^2 - (-12) = 4 + 12 = 16; \ D > 0; \ 2 \ Lösungen$

(4) $x_{1,2} = +2 \pm \sqrt{16} = +2 \pm 4$

(5) $x_1 = +6; \ x_2 = -2$

(6) $L = \{6; -2\}$

Quadratische Gleichungen lösen

	$-2x^2 - 8x + 12 = 0$
(1) In die Normalform $x^2 + px + q = 0$ umformen	$x^2 + 4x - 6 = 0$
(2) p und q bestimmen	$p = 4; \ q = -6$
(3) Anzahl der Lösungen mit der Diskriminanten D bestimmen	$D = (\frac{4}{2})^2 - (-6) = 10$ $D > 0;$ also zwei Lösungen
(4) Werte in die Lösungsformel einsetzen	$x_{1,2} = -2 \pm \sqrt{10}$
(5) x_1 und x_2 berechnen	$x_1 = -2 + \sqrt{10}$ $x_2 = -2 - \sqrt{10}$
(6) Lösungsmenge notieren	$L = \{-2 + \sqrt{10}; -2 - \sqrt{10}\}$

---

2 $-x^2 + 2x + 8 = 0 \qquad | \cdot (-1)$

(1) $x^2 - 2x - 8 = 0$

(2) $p = -2; \ q = -8$

(3) $D = 1 + 8 = 9; \ D > 0; \ 2 \ Lösungen$

(4) $x_{1,2} = 1 \pm \sqrt{9} = 1 \pm 3$

(5) $x_1 = 4;$

$x_2 = -2$

(6) $L = \{4; -2\}$

3 $x^2 - 30 = 8x \qquad | -8x$

(1) $x^2 - 8x - 30 = 0$

(2) $p = -8; \ q = -30$

(3) $D = (\frac{-8}{2})^2 + 30 = 46; \ D > 0; \ 2 \ Lösungen$

(4) $x_{1,2} = 4 \pm \sqrt{46}$

(5) $x_1 = 4 + \sqrt{46} \approx 4 + 6,8 = 10,8;$

$x_2 = 4 - \sqrt{46} \approx 4 - 6,8 = -2,8$

(6) $L = \{10,8; -2,8\}$

Lösungsformel für quadratische Gleichungen in der Normalform

$x_{1,2} = -\frac{p}{2} \pm \sqrt{D}$

Diskriminante D

$D = (\frac{p}{2})^2 - q$

D	Anzahl der Lösungen
D > 0	zwei
D = 0	eine
D < 0	keine

---

4 $\frac{1}{2}x^2 + \frac{1}{4}x - 1 = 0 \qquad | \cdot 2$

(1) $x^2 + \frac{1}{2}x - 2 = 0$

(2) $p = \frac{1}{2}; \ q = -2$

(3) $D = \frac{1}{16} + 2 = \frac{33}{16}; \ D > 0; \ 2 \ Lösungen$

(4) $x_{1,2} = -\frac{1}{4} \pm \sqrt{\frac{33}{16}} = -\frac{1}{4} \pm \frac{1}{4}\sqrt{33}$

(5) $x_1 = -\frac{1}{4} + \frac{1}{4}\sqrt{33} \approx 1,2;$

$x_2 = -\frac{1}{4} - \frac{1}{4}\sqrt{33} \approx -1,7$

(6) $L = \{1,2; -1,7\}$

✔ zu 1 bis 4:

$\{10,8; -2,8\}$
$\{6; -2\}$
$\{4; -2\}$
$\{1,2; -1,7\}$

1.1
a) $x^2 + 3x + 2 = 0$ b) $x^2 + 6x + 5 = 0$
c) $x^2 - x - 20 = 0$ d) $x^2 + 2x - 3 = 0$ e) $x^2 + 11x - 12 = 0$
f) $x^2 + 18x + 81 = 0$ g) $x^2 + 68x + 43 = 0$ h) $x^2 - 5x - 36 = 0$

1.2
a) $x^2 + \frac{3}{4}x - \frac{7}{64} = 0$ b) $x^2 + \frac{1}{2}x - \frac{1}{2} = 0$
c) $x^2 + \frac{5}{6}x - \frac{1}{6} = 0$ d) $x^2 - \frac{1}{6}x + \frac{1}{3} = 0$ e) $x^2 + \frac{1}{3}x - \frac{2}{9} = 0$
f) $x^2 + \frac{7}{4}x - \frac{1}{2} = 0$ g) $x^2 + \frac{7}{3}x - 2 = 0$ h) $x^2 - \frac{2}{3}x + 2 = 0$

2.1
a) $-x^2 + 14x + 15 = 0$ b) $-x^2 - 7x + 78 = 0$
c) $-x^2 - 21x + 72 = 0$ d) $-x^2 + 6x + 55 = 0$ e) $-x^2 + 16x + 80 = 0$
f) $-x^2 - 12x + 45 = 0$ g) $-x^2 + 13x + 30 = 0$ h) $-x^2 - 15x - 50 = 0$

3.1
a) $x^2 + 72 = -15x$ b) $x^2 - 9x = 26$
c) $x^2 + 156 = 25x$ d) $x^2 + 12 = 12x$ e) $x^2 - 27x = 33$
f) $x^2 - 10 = -3x$ g) $x^2 + 124 = 18x$ h) $207 + x^2 = 32x$

4.1
a) $-\frac{1}{5}x^2 + 3x - \frac{1}{5} = 0$ b) $x^2 - \frac{2}{3}x + 1 = 0$
c) $\frac{1}{2}x^2 - x - \frac{1}{4} = 0$ d) $2x^2 - \frac{1}{2}x + 1 = 0$ e) $3x^2 - \frac{4}{5} = 0$
f) $\frac{2}{3}x^2 + \frac{1}{5}x - 1 = 0$ g) $\frac{5}{6}x^2 = 10x$ h) $\frac{3}{2}x^2 = \frac{7}{10}$

5
a) $x^2 - 4,5x + 14 = 12$ b) $2x^2 + 6 = -7x$
c) $x^2 + 4x = 3x + 12$ d) $12x^2 = 408x$ e) $8x^2 = 3x + 5$
f) $-2,1x^2 = -75,6$ g) $x^2 - 2,1 = 0$ h) $-x^2 = x + 1,25$

19

Quadratische Funktionen und Gleichungen

9 Sachaufgaben mit quadratischen Gleichungen lösen

1 Ein Quader hat die Kanten a = 14 cm, b = 9 cm und c = 5 cm. b und c sollen um die gleiche Länge so vergrößert werden, dass das Volumen 1078 cm³ wird. Um wie viel cm müssen die Kanten verlängert werden?
Skizze

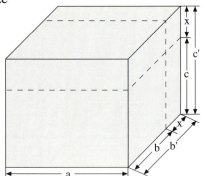

(1) Verlängerung   *x*

Kanten a = _14_   b' = _9 + x_   c' = _5 + x_

(2) **V = a · b' · c'**

  _1 078 = 14 · (9 + x) · (5 + x)_ |: 14

(3) _77 = (9 + x) (5 + x)_

  _77 = 45 + 5x + 9x + x²_

  _x² + 14x − 32 = 0_

(4) _x₁,₂ = − 7 ± √(49 + 32)_

  _= − 7 ± √81 = − 7 ± 9_

  _x₁ = − 7 + 9 = 2_

  _x₂ = − 7 − 9 = − 16_

(5) _Verlängerung: 2 cm_

(6) _Die Kanten müssen um 2 cm verlängert werden._

Das Volumen eines Quaders beträgt V = 84 cm³, die Breite a = 7 cm. Die Höhe c soll um 1 cm kürzer sein als die Länge b. Wie lang sind die Kanten?

(1) Variable festlegen und Terme bestimmen	Länge b des Quaders: x Höhe c des Quaders: x − 1
(2) Gleichung aufstellen	V = a · b · c 84 = 7 · x · (x − 1)
(3) In die Normalform umformen	84 = 7x² − 7x x² − x − 12 = 0
(4) Mit der Lösungs- formel lösen	$x_{1,2} = \frac{1}{2} \pm \sqrt{\frac{1}{4} + 12}$ x₁ = 4; x₂ = −3
(5) Gesuchte Größen bestimmen	Länge b: 4 cm Höhe c: 3 cm
(6) Antwort notieren	Die Kanten sind 7 cm, 4 cm und 3 cm lang.

2 Die Differenz zweier ganzer Zahlen beträgt 1, die Summe ihrer Quadrate 221. Bestimme die Zahlen.

(1) _1. Zahl: x; 2. Zahl: x + 1_

(2) _x² + (x + 1)² = 221_

(3) _x² + x² + 2x + 1 = 221_

  _2x² + 2x − 220 = 0_

  _x² + x − 110 = 0_

(4) _x₁,₂ = −0,5 ± √(0,25 + 110) = −0,5 ± 10,5_

  _x₁ = 10; x₂ = −11_

(5) _1.Zahl 10; 2.Zahl 11 oder 1.Zahl −11; 2. Zahl −10_

(6) _Die Zahlen sind 10 und 11 oder −10 und −11._

Normalform der quadratischen Gleichung
x² + px + q = 0

– Lösungsformel für quadratische Gleichungen
– Höhensatz

*zu 4
Lotrechter Wurf
aufwärts:
$h = v_0 t - \frac{g}{2} t^2$
abwärts:
$h = v_0 t + \frac{g}{2} t^2$
v₀ Anfangs-
   geschwindigkeit
   in $\frac{m}{s}$
t Zeit in Sekunden
g Erdbeschleuni-
   gung
   $g \approx 10 \frac{m}{s^2}$

1.1 Die Diagonale eines Rechtecks ist 20 cm lang. Die Seitenlängen unterscheiden sich um 8 cm. Bestimme die Seitenlängen.

1.2 In einem rechtwinkligen Dreieck unterscheiden sich die Hypothenusenabschnitte p und q um 5 cm. Die zugehörige Höhe ist h = 6 cm. Berechne p und q.

1.3 Wenn man den Radius eines Kreises um 3 cm verlängert, verdoppelt sich sein Flächeninhalt. Berechne den Radius.

2.1 Das Produkt zweier aufeinander folgender ganzer Zahlen ist 240. Bestimme die Zahlen.

3 Multipliziert man das Alter von Frauke und Maren, so erhält man 208. Maren ist 3 Jahre jünger als Frauke. Wie alt sind sie?

•4 Eine Kugel wird mit einer Anfangsgeschwindigkeit v₀ = 200 m/s senkrecht in die Höhe geschossen. Nach wie viel Sekunden erreicht sie eine Höhe von 320 m?

DIPLOM

	☆	🌙	☀
1	Zeichne die Parabel $y = x^2 - 1$ mithilfe einer Schablone.	Zeichne die Parabel $y = (x - 1)^2$ mithilfe einer Schablone.	Zeichne die Parabel $y = (x - 1)^2 - 1$ mithilfe einer Schablone.
2	Gib den Scheitelpunkt S der Parabel $y = -0{,}5x^2 + 1$ an. *S (0 | 1)*	Gib den Scheitelpunkt S der Parabel $y = -(x + 1)^2 + 1$ an. *S (−1 | 1)*	Gib den Scheitelpunkt S der Parabel $y = x^2 + 2x + 1$ an. *S (−1 | 0)*
3	Unterstreiche die für die Parabel $y = 0{,}75 x^2$ zutreffenden Eigenschaften. NP gestreckt *NP gestaucht* NP gespiegelt NP verschoben	Unterstreiche die für die Parabel $y = -1{,}2 x^2$ zutreffenden Eigenschaften. *NP gestreckt* NP gestaucht *NP gespiegelt* NP verschoben	Unterstreiche die für die Parabel $y = 0{,}2 (x + 1)^2$ zutreffenden Eigenschaften. NP gestreckt *NP gestaucht* NP gespiegelt *NP verschoben*
4	Bestimme die x-Werte der Nullstellen der Parabel $y = x^2 - 4$. *$x_1 = -2;\quad x_2 = 2$*	Bestimme die x-Werte der Nullstellen der Parabel $y = 0{,}5 x^2 - 2$. *$x_1 = -2;\quad x_2 = 2$*	Bestimme die x-Werte der Nullstellen der Parabel $y = (x - 2)^2 - 4$. *$x_1 = 4;\quad x_2 = 0$*
5	Bestimme die Diskriminante D. Wie viele Lösungen hat die Gleichung? $x^2 + 2x - 3 = 0$ *D = 4* *2 Lösungen*	Bestimme die Diskriminante D. Wie viele Lösungen hat die Gleichung? $x^2 + \frac{3}{4}x + \frac{9}{64} = 0$ *D = 0* *1 Lösung*	Bestimme die Diskriminante D. Wie viele Lösungen hat die Gleichung? $2x^2 + \frac{3}{2}x + \frac{9}{32} = 0 \quad \mid : 2$ *$x^2 + \frac{3}{4}x + \frac{9}{64} = 0$* *D = 0; d. h. 1 Lösung*
6	Gib die Lösungsmenge an. $x^2 - 5x + 6 = 0$ *L = {3; 2}*	Gib die Lösungsmenge an. $10x^2 - 11x + 2{,}8 = 0$ *L = {0,4; −0,7}*	Gib die Lösungsmenge an. $\frac{4}{5}x^2 - \frac{5}{4}x + 4 = 0$ *L = { }*
	Bronze: ☆ ☆ ☆ ☆ ☆	Silber: 🌙 🌙 🌙 ☆ ☆ ☆	Gold: ☀ ☀ ☀ 🌙 🌙 🌙

3 Potenzen und Potenzfunktionen

1 Potenzen mit ganzzahligem Exponent

Berechne die Potenzen.

1 a) $4^3 = $ _$4 \cdot 4 \cdot 4 = 64$_

b) $(-4)^3 = $ _$(-4) \cdot (-4) \cdot (-4) = -64$_

c) $3^4 = $ _$3 \cdot 3 \cdot 3 \cdot 3 = 81$_

d) $(-3)^4 = $ _$(-3) \cdot (-3) \cdot (-3) \cdot (-3) = 81$_

Potenzen

mit **natürlichem** Exponent
$a^n = \underbrace{a \cdot a \cdot \ldots \cdot a}_{n \text{ Faktoren } a}$

Beispiele
$2^3 = 2 \cdot 2 \cdot 2 = 8$
$(-2)^3 = (-2) \cdot (-2) \cdot (-2) = -8$

mit **negativem** Exponent
$a^{-n} = \frac{1}{a^n}$ für $a \neq 0$

Beispiele
$2^{-3} = \frac{1}{2^3} = \frac{1}{8}$
$(-2)^{-3} = \frac{1}{(-2)^3} = -\frac{1}{8}$

2 a) $5^{-2} = $ _$\frac{1}{5^2} = \frac{1}{25} = 0{,}04$_ b) $4^{-3} = $ _$\frac{1}{4^3} = \frac{1}{64}$_ c) $(-4)^{-3} = $ _$\frac{1}{(-4)^3} = -\frac{1}{64}$_

d) $10^{-3} = $ _$\frac{1}{10^3} = \frac{1}{1000} = 0{,}001$_ e) $1^{-4} = $ _$\frac{1}{1^4} = 1$_ f) $0{,}5^{-2} = $ _$\frac{1}{0{,}5^2} = \frac{1}{0{,}25} = 4$_

3 a) $5^3 = $ _125_ b) $5^{-3} = $ _$\frac{1}{125} = 0{,}008$_ c) $(-2)^4 = $ _16_

d) $(-2)^{-4} = $ _$\frac{1}{(-2)^4} = \frac{1}{16} = 0{,}0625$_ e) $10^3 = $ _1000_ f) $10^{-3} = $ _$\frac{1}{10^3} = \frac{1}{1000} = 0{,}001$_

g) $10^1 = $ _10_ h) $10^{-1} = $ _$\frac{1}{10^1} = \frac{1}{10} = 0{,}1$_ i) $(-10)^0 = $ _1_

Potenz a^n
a heißt Basis
n heißt Exponent

$a^1 = a$
$a^0 = 1$ für $a \neq 0$
$a^{-1} = \frac{1}{a}$ für $a \neq 0$

✓ zu 3:

0,001; 0,008;
0,0625; 0,1; 1; 10;
16; 125; 1000

4 Schreibe als Zweierpotenz (Basis 2).

a) $32 = $ _2^5_ b) $\frac{1}{32} = $ _2^{-5}_

c) $1 = $ _2^0_ d) $0{,}125 = $ _2^{-3}_

5 Schreibe als Zehnerpotenz (Basis 10).

a) $10\,000 = $ _10^4_ b) $\frac{1}{100} = $ _10^{-2}_

c) $10 = $ _10^1_ d) $0{,}001 = $ _10^{-3}_

$0{,}25 = \frac{1}{4} = 2^{-2}$
$0{,}125 = \frac{1}{8} = 2^{-3}$

6 Vergleiche die Potenzen. Setze <, > oder =.

a) 10^2 _<_ 10^3 b) 10^{-2} _>_ 10^{-3} c) $(-10)^2$ _>_ $(-10)^3$ d) $(-10)^{-2}$ _>_ $(-10)^{-3}$

7 Vereinfache. Schreibe als **eine** Potenz.

a) $10^3 \cdot 10^{-5} = $ _$10^{3+(-5)} = 10^{-2}$_

b) $10^{-3} : 10^{-5} = $ _$10^{-3-(-5)} = 10^2$_

c) $10^{-2} \cdot 0{,}4^{-2} = $ _$(10 \cdot 0{,}4)^{-2} = 4^{-2}$_

d) $6^{-3} : 10^{-3} = $ _$(6 : 10)^{-3} = 0{,}6^{-3}$_

e) $(10^{-2})^3 = $ _$10^{-2 \cdot 3} = 10^{-6}$_

f) $(10^{-2})^{-3} = $ _$10^{-2 \cdot (-3)} = 10^6$_

Rechenregeln

① $a^r \cdot a^s = a^{r+s}$
② $a^r : a^s = a^{r-s}$
③ $a^r \cdot b^r = (a \cdot b)^r$
④ $a^r : b^r = (\frac{a}{b})^r$
⑤ $(a^r)^s = a^{r \cdot s}$

1.1 a) $5^3; (-5)^3; 3^5; (-3)^5$ b) $2^1; (-2)^1; 1^2; (-1)^2$
c) $(-3)^3; 3^3; (-3)^2; 3^2$ d) $4^1; (-4)^2; (-4)^3; 4^4$

2.1 a) $3^{-2}; (-3)^{-2}; 2^{-3}; (-2)^{-3}$ b) $4^{-1}; (-4)^{-1}; 1^{-4}; (-1)^{-4}$

3.1 a) $4^2; (-4)^2; 4^{-2}; (-4)^{-2}$ b) $2^5; (-2)^5; 2^{-5}; (-2)^{-5}$
c) $0{,}5^2; 0{,}5^{-2}; (-0{,}5)^2$ d) $3^1; 3^{-1}; 3^0; (-3)^{-1}$

3.2 a) $10^2; (-10)^2; 10^{-2}$ b) $10^{-3}; (-10)^3; (-10)^{-3}$
c) $10^1; 10^0; 10^{-1}; (-10)^1$ d) $0{,}1^2; 0{,}1^{-2}; (-0{,}1)^{-2}$

4.1 a) $4; \frac{1}{4}; 8; \frac{1}{8}$ b) $8; -8; 0{,}125; -0{,}125$

5.1 a) $1000; 100; 1$ b) $\frac{1}{1000}; 0{,}01; 0{,}1$

6.1 a) $2^2 \blacksquare 2^3$ b) $2^{-2} \blacksquare 2^{-3}$
c) $(-2)^2 \blacksquare (-2)^3$ d) $(-2)^{-2} \blacksquare (-2)^{-3}$

7.1 a) $10^{-3} \cdot 10^5$ b) $10^{-3} \cdot 10^{-5}$ c) $10^{-3} : 10^{-5}$
d) $10^{-3} : 10^5$ e) $10^5 : 10^{-3}$ f) $10^{-5} : 10^3$
g) $0{,}8^{-2} \cdot 10^{-2}$ h) $4^3 \cdot 0{,}5^3$ i) $5^{-2} \cdot 10^{-2}$
j) $10^{-2} : 5^{-2}$ k) $(10^2)^3$ l) $(10^2)^{-3}$

Potenzen und Potenzfunktionen

2 Zehnerpotenzen

1 Notiere wie in den Beispielen als Produkt mit einer Zehnerpotenz.

a) 73 900

(1) $\approx$ *74 000*

(2) $= 7,4 \cdot 10\,000$

(3) $= 7,4 \cdot 10^4$

Jede Zahl kann man als Produkt mit einer Zehnerpotenz notieren.		$a \cdot 10^b$
	483 647	0,00738
(1) Runden (zwei gültige Ziffern)	$\approx 480\,000$	$\approx 0,0074$
(2) Als Produkt notieren	$= 4,8 \cdot 100\,000$	$= 7,4 \cdot 0,001$
(3) Als Produkt mit Zehnerpotenz notieren	$= 4,8 \cdot 10^5$	$= 7,4 \cdot 10^{-3}$

b) 86 400

$\approx$ *86 000*

$= 8,6 \cdot 10\,000$

$= 8,6 \cdot 10^4$

c) 0,0283

$\approx$ *0,028*

$= 2,8 \cdot 0,01$

$= 2,8 \cdot 10^{-2}$

d) 0,6483

$\approx$ *0,65*

$= 6,5 \cdot 0,1$

$= 6,5 \cdot 10^{-1}$

$$1000 = 10^3$$
$$100 = 10^2$$
$$10 = 10^1$$
$$1 = 10^0$$
$$0,1 = 10^{-1}$$
$$0,01 = 10^{-2}$$
$$0,001 = 10^{-3}$$

2 Notiere als **eine** Potenz.

a) $10^{-2} \cdot 10^5 = 10^3$

b) $10^{-2} \cdot 10^{-3} = 10^{-5}$

c) $10^2 \cdot 10^{-5} = 10^{-3}$

d) $10^0 \cdot 10^{-4} = 10^{-4}$

e) $\dfrac{10^5}{10^3} = 10^2$

f) $\dfrac{10^3}{10^5} = 10^{-2}$

g) $\dfrac{10^{-3}}{10^5} = 10^{-8}$

h) $\dfrac{10^{-5}}{10^{-3}} = 10^{-2}$

zu 2

$$10^r \cdot 10^s = 10^{r+s}$$
$$\dfrac{10^r}{10^s} = 10^{r-s}$$

3 Führe eine Überschlagsrechnung durch.

a) $29\,400 \cdot 0,083$

$\approx 3 \cdot 10^4 \cdot 8 \cdot 10^{-2}$

$= 3 \cdot 8 \cdot 10^4 \cdot 10^{-2}$

$= 24 \cdot 10^2 \qquad = 2,4 \cdot 10^3$

b) $0,06 \cdot 0,00854$

$\approx 6 \cdot 10^{-2} \cdot 9 \cdot 10^{-3}$

$= 6 \cdot 9 \cdot 10^{-2} \cdot 10^{-3}$

$= 54 \cdot 10^{-5} \qquad = 5,4 \cdot 10^{-4}$

•4 Führe eine Überschlagsrechnung durch.

a) $814 : 0,00387$

$= \dfrac{814}{0,00387} \approx \dfrac{8 \cdot 10^2}{4 \cdot 10^{-3}}$

$= \dfrac{8}{4} \cdot \dfrac{10^2}{10^{-3}} = 2 \cdot 10^5$

b) $0,893 : 290$

$= \dfrac{0,893}{290} \approx \dfrac{9 \cdot 10^{-1}}{3 \cdot 10^2}$

$= \dfrac{9}{3} \cdot \dfrac{10^{-1}}{10^2} = 3 \cdot 10^{-3}$

zu 3

Überschlag für
$360\,000 \cdot 0,08$
$\approx 4 \cdot 10^5 \cdot 8 \cdot 10^{-2}$
$= 4 \cdot 8 \cdot 10^5 \cdot 10^{-2}$
$= 32 \cdot 10^3$
$\approx 3 \cdot 10^4$

1.1 Notiere als Produkt mit einer Zehnerpotenz.

a) 800 000   b) 0,004   c) 30 000
d) 5000   e) 0,000009   f) 0,0000004
g) 2 000 000   h) 0,3   i) 10 000
j) 60   k) 0,008   l) 0,002

1.2 Notiere als Produkt mit einer Zehnerpotenz. Runde auf eine Stelle nach dem Komma.

a) 256 000   b) 0,0342   c) 4810
d) 7820   e) 0,449   f) 0,07389
g) 1 006 937   h) 0,0000768   i) 0,020350
j) 80,9   k) 0,341   l) 59 370
m) 375,04   n) 0,003967   o) 0,999999

2.1 Notiere als **eine** Potenz.

a) $10^3 \cdot 10^{-4}$ b) $10^2 \cdot 10^5$ c) $10^4 : 10^{-2}$ •d) $(10^2)^3 \cdot 10^{-4}$
e) $10^{-3} \cdot 10^4$ f) $10^2 : 10^{-5}$ g) $10^6 \cdot 10^{-2}$ •h) $(10^2)^{-3} \cdot (10^3)^{-4}$
i) $10^{-3} \cdot 10^{-4}$ j) $10^{-2} : 10^5$ k) $10^{-3} : 10^{-5}$ •l) $(10^{-2})^3 : 10^2$

3.1 Führe eine Überschlagsrechnung durch.

a) $7320 \cdot 86\,900$ b) $52\,400 \cdot 0,089$
c) $0,043 \cdot 0,87$ d) $989\,000 \cdot 0,000898$
e) $0,06 \cdot 0,0025$ f) $4580 \cdot 0,075$

•4.1 Führe eine Überschlagsrechnung durch.

a) $78\,000 : 2300$ b) $589\,000 : 0,003450$
c) $0,008 : 230\,999$ d) $0,006980 : 74\,352$

Potenzen und Potenzfunktionen

3 Parabeln

1 Fülle die Wertetabelle aus.

x	0	1	−1	1,5	−1,5
$y = x^2$	*0*	*1*	*1*	*2,25*	*2,25*
$y = x^3$	*0*	*1*	*−1*	*3,375*	*−3,375*

a) Trage in Fig. 1 die Punkte für $y = x^2$ in rot, für $y = x^3$ in grün ein.
b) Bestimme für $y = x^2$ weitere Punkte. Trage ein. Zeichne die Parabel in rot.
c) Bestimme weitere Punkte für $y = x^3$. Trage ein. Zeichne die Parabel in grün.

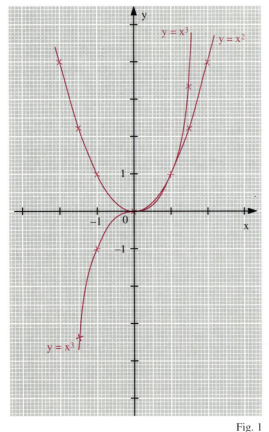

Fig. 1

Funktionen der Form $x \to x^n$ für $n > 1$ heißen **Potenzfunktionen**. Die Graphen nennt man **Parabeln** n-ter Ordnung.

n gerade 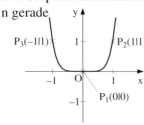   n ungerade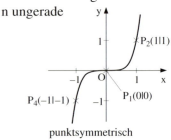

achsensymmetrisch zur y-Achse   punktsymmetrisch zum Nullpunkt

2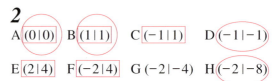

a) Welche Punkte liegen auf der Parabel $y = x^2$? Kennzeichne durch □.
b) Welche Punkte liegen auf der Parabel $y = x^3$? Kennzeichne durch ○.

3 a) Bestimme die y-Koordinaten für die Punkte der Parabel $y = x^2$.

A(3∣y)	B(−3∣y)	C(−0,8∣y)
$y = 3^2$	*$y = (−3)^2$*	*$y = (−0,8)^2$*
y = 9	*y = 9*	*y = 0,64*

b) Bestimme die y-Koordinaten für die Punkte der Parabel $y = x^3$.

D(2∣y)	E(−2∣y)	F(−0,4∣y)
$y = 2^3$	*$y = (−2)^3$*	*$y = (−0,4)^3$*
y = 8	*y = −8*	*y = −0,064*

$(−1)^2 = (−1)·(−1) = 1$
$(−1)^3 = (−1)·(−1)·(−1) = −1$

Parabeln $y = x^n$

n gerade

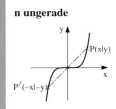

n ungerade

Schreibweise für Funktionen
$x \to x^n$
$f(x) = x^n$
$y = x^n$

1.1 a) Lege eine Wertetabelle an. Setze die x-Werte bis −1,5 fort. Fülle die Tabelle aus.

x	0	0,1	−0,1	0,2	−0,2	0,3	...
$y = x^2$							
$y = x^3$							

b) Zeichne in rot die Parabel $y = x^2$ im Bereich −1,5 bis 1,5 auf Millimeter-Papier.
c) Zeichne in grün die Parabel $y = x^3$ dazu.

2.1 A(1∣1); B(1∣−1); C(−1∣1); D(−1∣−1); E(0,5∣0,25); F(0,5∣−0,25); G(−0,5∣−0,125)
a) Notiere die Punkte, die auf der Parabel $y = x^2$ liegen.
b) Notiere die Punkte, die auf der Parabel $y = x^3$ liegen.

3.1 Bestimme die y-Koordinaten für die Punkte der Parabel
a) $y = x^2$. A(4∣y); B(−4∣y); C(1,2∣y); D(−2,5∣y)
b) $y = x^3$. A(4∣y); B(−4∣y); C(0,2∣y); D(−0,2∣y)

4 Welche der Parabeln $y = x^2$; $y = x^3$; $y = x^4$; $y = x^5$; $y = x^6$; $y = x^7$
a) sind achsensymmetrisch zur y-Achse,
b) punktsymmetrisch zum Nullpunkt?

4 Hyperbeln

1 a) Fülle die Wertetabelle aus.

x	1	−1	2	−2	3	−3
$y = x^{-1}$	*1*	*−1*	*0,5*	*−0,5*	*$\frac{1}{3}$*	*$-\frac{1}{3}$*

b) Trage in Fig. 1 die Punkte für die Hyperbel $y = x^{-1}$ mit grün ein.

c) Bestimme weitere Punkte für $y = x^{-1}$.

x	0,2	−0,2	0,8	−0,8	1,2	−1,2
y	*5*	*−5*	*1,25*	*−1,25*	*0,8̄3*	*−0,8̄3*

x	1,4	−1,4	1,8	−1,8	2,5	−2,5
y	*≈0,7*	*≈−0,7*	*≈0,6*	*≈−0,6*	*0,4*	*−0,4*

d) Trage die Punkte ein und zeichne die Hyperbel.

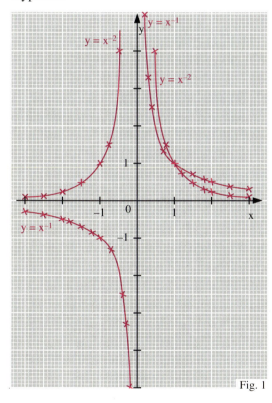

Fig. 1

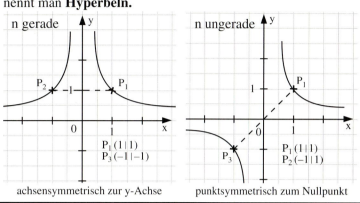

Die Graphen der Potenzfunktionen $x \to x^{-n}$ für $n > 0$ nennt man **Hyperbeln**.

n gerade — achsensymmetrisch zur y-Achse
n ungerade — punktsymmetrisch zum Nullpunkt

2 a) Fülle die Wertetabelle aus.

x	1	−1	2	−2	3	−3
$y = x^{-2}$	*1*	*1*	*0,25*	*0,25*	*0,$\overline{1}$*	*0,$\overline{1}$*

b) Trage in Fig. 1 die Punkte für die Hyperbel $y = x^{-2}$ mit rot ein.

c) Bestimme weitere Punkte für $y = x^{-2}$.

x	0,2	−0,2	0,5	−0,5	0,8	−0,8
y	*25*	*25*	*4*	*4*	*≈1,6*	*≈1,6*

x	1,4	−1,4	1,8	−1,8	2,5	−2,5
y	*≈0,5*	*≈0,5*	*≈0,3*	*≈0,3*	*0,16*	*0,16*

d) Zeichne die Hyperbel.

•3 Bestimme die y-Koordinaten für die Punkte der Hyperbel $y = x^{-2}$.

A(3|y)   B(−3|y)   C(−1,5|y)

$y = 3^{-2}$ $y = (-3)^{-2}$ $y = (-1,5)^{-2}$

$y = \frac{1}{9}$ *$y = \frac{1}{9}$*   *$y = \frac{4}{9}$*

$a^{-n} = \frac{1}{a^n}$ für $a \neq 0$

$2^{-2} = \frac{1}{2^2} = \frac{1}{4}$

$(-2)^{-2} = \frac{1}{(-2)^2} = \frac{1}{4}$

$(-2)^{-3} = \frac{1}{(-2)^3} = -\frac{1}{8}$

Hyperbeln $y = x^{-n}$

n gerade

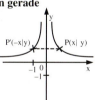

n ungerade

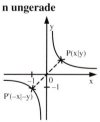

2.1 a) Lege eine Wertetabelle an. Setze die x-Werte bis −1,5 fort. Fülle die Tabelle aus.

x	0	0,1	−0,1	0,2	−0,2	0,3	...
$y = x^{-1}$							
$y = x^{-2}$							

b) Zeichne in grün die Hyperbel $y = x^{-1}$ im Bereich −1,5 bis 1,5 auf Millimeterpapier.

c) Zeichne in rot die Hyperbel $y = x^{-2}$ dazu.

•3.1 Bestimme die y-Koordinaten für die Punkte der Hyperbel $y = x^{-1}$.
a) A(2|y)   b) B(−2|y)   c) C(−1|y)
d) D(0,5|y)   e) E(−0,5|y)   f) F(0,1|y)   g) G(−0,1|y)

•3.2 Bestimme die y-Koordinaten für die Punkte der Hyperbel $y = x^{-2}$.
a) A(2|y)   b) B(−2|y)   c) C(1|y)
d) D(−1|y)   e) E(0,5|y)   f) F(−0,5|y)   g) G(−0,1|y)

•4 Welche der Hyperbeln $y = x^{-1}$; $y = x^{-2}$; $y = x^{-3}$; $y = x^{-4}$; $y = x^{-5}$; $y = x^{-6}$
a) sind achsensymmetrisch zur y-Achse,
b) punktsymmetrisch zum Nullpunkt?

Potenzen und Potenzfunktionen

5 Wurzeln und Wurzelfunktionen

1 Bestimme die Wurzeln.

a) $\sqrt[3]{8} = \underline{2}$; denn $\underline{2^3} = \underline{8}$

b) $\sqrt[4]{81} = \underline{3}$; denn $\underline{3^4} = \underline{81}$

c) $\sqrt[6]{64} = \underline{2}$; denn $\underline{2^6} = \underline{64}$

d) $\sqrt{36} = \underline{6}$; denn $\underline{6^2} = \underline{36}$

$\sqrt[n]{a}$ bedeutet: bestimme eine Zahl, die mit n potenziert a ergibt.
$\sqrt[n]{a} = b$ ist gleichbedeutend mit $b^n = a$ für $a \neq 0$.

Beispiele

$\sqrt[3]{64} = 4$; denn $4^3 = 64$ $\qquad \sqrt[4]{\frac{1}{16}} = \frac{1}{2}$; denn $(\frac{1}{2})^4 = \frac{1}{16}$

$\sqrt{64} = 8$; denn $8^2 = 64$ $\qquad \sqrt{0{,}01} = 0{,}1$; denn $0{,}1^2 = 0{,}01$

$\sqrt[4]{625} = 5$; denn $5^4 = 625$ $\qquad \sqrt[3]{0{,}008} = 0{,}2$; denn $0{,}2^3 = 0{,}008$

2 Berechne.

a) $\sqrt[3]{27} = \underline{3}$ b) $\sqrt[5]{32} = \underline{2}$ c) $\sqrt[3]{216} = \underline{6}$

d) $\sqrt[4]{10\,000} = \underline{10}$ e) $\sqrt[7]{1} = \underline{1}$ f) $\sqrt[6]{0} = \underline{0}$ g) $\sqrt[3]{0{,}001} = \underline{0{,}1}$

h) $\sqrt[4]{0{,}0016} = \underline{0{,}2}$ i) $\sqrt{0{,}0016} = \underline{0{,}04}$ j) $\sqrt[3]{\frac{1}{27}} = \underline{\frac{1}{3}}$ k) $\sqrt[3]{\frac{8}{125}} = \underline{\frac{2}{5}}$

0; 0,04; 0,1; 0,2; $\frac{1}{3}$; $\frac{2}{5}$; 1; 2; 3; 6; 10

Kurzform für n = 2
$\sqrt[2]{64} = \sqrt{64}$

 zu 2

 zu 4

$\sqrt[n]{a \cdot b} = \sqrt[n]{a} \cdot \sqrt[n]{b}$

$\sqrt[3]{24} = \sqrt[3]{8 \cdot 3}$

$\phantom{\sqrt[3]{24}} = \sqrt[3]{8} \cdot \sqrt[3]{3}$

$\phantom{\sqrt[3]{24}} = 2 \cdot \sqrt[3]{3}$

•3 a) Fig. 1 zeigt den Graphen der Potenzfunktion $x \to x^3$ für $x \geq 0$. Spiegele den Graphen an der Winkelhalbierenden.
b) Du erhältst den Graphen der Wurzelfunktion $x \to \sqrt[3]{x}$ für $x \geq 0$.
Lies Näherungswerte ab.

$\sqrt[3]{2} \approx \underline{1{,}3}$ $\qquad \sqrt[3]{3} \approx \underline{1{,}4}$

$\sqrt[3]{4} \approx \underline{1{,}6}$ $\qquad \sqrt[3]{5} \approx \underline{1{,}7}$

$\sqrt[3]{2{,}5} \approx \underline{1{,}4}$ $\qquad \sqrt[3]{3{,}8} \approx \underline{1{,}6}$

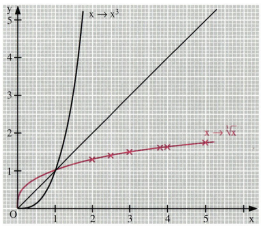

Fig. 1

•4 Vereinfache! Zerlege dazu die Wurzel.

a) $\sqrt[3]{375}$

$= \sqrt[3]{125 \cdot 3}$

$= \sqrt[3]{\underline{125}} \cdot \sqrt[3]{\underline{3}}$

$= \underline{5} \cdot \sqrt[3]{\underline{3}}$

b) $\sqrt[4]{80}$

$= \sqrt[4]{\underline{16 \cdot 5}}$

$= \sqrt[4]{\underline{16}} \cdot \sqrt[4]{\underline{5}}$

$= \underline{2 \cdot \sqrt[4]{5}}$

•5 Löse die Gleichung.

$2x^3 - 54 = 0 \qquad | + 54$

$2x^3 = \underline{54} \qquad |:2$

$x^3 = \underline{27} \qquad |\sqrt[3]{}$

$x = \sqrt[3]{\underline{27}} = \underline{3}$

zu 5

Gleichungen lösen

$2x^3 - 6 = 244 \quad |+6$

$2x^3 = 250 \quad |:2$

$x^3 = 125 \quad |\sqrt[3]{}$

$x = \sqrt[3]{125}$

$x = 5$

1.1 a) $\sqrt[3]{64}$ b) $\sqrt{49}$ c) $\sqrt[5]{32}$
d) $\sqrt[4]{10\,000}$ e) $\sqrt[6]{1}$ f) $\sqrt[7]{128}$ g) $\sqrt[4]{625}$

2.1 a) $\sqrt[6]{64}$ b) $\sqrt[3]{216}$ c) $\sqrt[5]{243}$
d) $\sqrt{256}$ e) $\sqrt[8]{0}$ f) $\sqrt[4]{2401}$ g) $\sqrt[3]{1\,000\,000}$

2.2 a) $\sqrt[3]{\frac{1}{8}}$ b) $\sqrt[4]{\frac{1}{81}}$ c) $\sqrt[3]{\frac{8}{27}}$
d) $\sqrt{\frac{9}{4}}$ e) $\sqrt[4]{\frac{16}{81}}$ f) $\sqrt[3]{\frac{125}{27}}$ g) $\sqrt[5]{\frac{32}{243}}$

2.3 a) $\sqrt[3]{0{,}008}$ b) $\sqrt{0{,}09}$ c) $\sqrt[4]{0{,}0081}$
d) $\sqrt[5]{0{,}00001}$ e) $\sqrt{0{,}0169}$ f) $\sqrt[5]{0{,}00032}$ g) $\sqrt[3]{0{,}000008}$

•4.1 a) $\sqrt[3]{40}$ b) $\sqrt[4]{320}$ c) $\sqrt[5]{486}$
d) $\sqrt{200}$ e) $\sqrt[3]{500}$ f) $\sqrt[3]{1080}$ g) $\sqrt[4]{6400}$

•5.1 a) $x^3 = 343$ b) $x^3 - 8 = 0$
c) $5x^3 = 40$ d) $2x^3 + 2048 = 0$
e) $0{,}5x^3 + 530 = 30$ f) $0{,}25x^3 - 128 = 0$

Potenzen und Potenzfunktionen

6 Potenzen mit rationalem Exponent

1 Notiere als Wurzel.

a) $8^{\frac{1}{3}} = \sqrt[3]{8}$ b) $81^{\frac{1}{4}} = \sqrt[4]{81}$

c) $0{,}04^{\frac{1}{2}} = \sqrt{0{,}04}$ d) $x^{\frac{1}{6}} = \sqrt[6]{x}$

2 Notiere als Potenz.

a) $\sqrt[3]{27} = 27^{\frac{1}{3}}$ b) $\sqrt{25} = 25^{\frac{1}{2}}$

c) $\sqrt[4]{16} = 16^{\frac{1}{4}}$ d) $\sqrt[5]{y} = y^{\frac{1}{5}}$

Potenzen

mit Exponent $\frac{1}{n}$ (Stammbrüche)

$a^{\frac{1}{n}} = \sqrt[n]{a}$ für $n > 1$

mit Exponent $\frac{m}{n}$

$a^{\frac{m}{n}} = \sqrt[n]{a^m}$ für $n > 1$ und $m \in \mathbb{Z}$

Beispiele

$9^{\frac{1}{2}} = \sqrt{9} = 3$ $64^{\frac{2}{3}} = \sqrt[3]{64^2} = 16$

$2^{\frac{1}{3}} = \sqrt[3]{2}$ $64^{-\frac{2}{3}} = \frac{1}{64^{\frac{2}{3}}} = \frac{1}{\sqrt[3]{64^2}} = \frac{1}{16}$

---

3 Notiere zunächst als Wurzel. Berechne.

a) $27^{\frac{1}{3}} = \sqrt[3]{27} = 3$

b) $10\,000^{\frac{1}{4}} = \sqrt[4]{10\,000} = 10$

c) $625^{\frac{1}{4}} = \sqrt[4]{625} = 5$

d) $0{,}0004^{\frac{1}{2}} = \sqrt{0{,}0004} = 0{,}02$

e) $32^{\frac{1}{5}} = \sqrt[5]{32} = 2$

f) $0{,}0081^{\frac{1}{4}} = \sqrt[4]{0{,}0081} = 0{,}3$

0,02; 0,3; 2; 3; 5; 10

✓ zu 3

☞ zu 4b

$81^{\frac{3}{4}} = \sqrt[4]{81^3}$
$= \sqrt[4]{(3^4)^3}$
$= \sqrt[4]{(3^3)^4}$
$= 27$

•4 Notiere zunächst als Wurzel. Berechne.

a) $8^{\frac{2}{3}} = \sqrt[3]{8^2} = \sqrt[3]{64} = 4$

b) $81^{\frac{3}{4}} = \sqrt[4]{81^3} = \sqrt[4]{531\,441} = 27$

c) $243^{\frac{1}{5}} = \sqrt[5]{243} = 3$

d) $36^{0{,}5} = \sqrt{36} = 6$

•5 Notiere zunächst als Quotient. Berechne.

a) $8^{-\frac{2}{3}} = \frac{1}{8^{\frac{2}{3}}} = \frac{1}{\sqrt[3]{64}} = \frac{1}{4}$

b) $81^{-\frac{3}{4}} = \frac{1}{81^{\frac{3}{4}}} = \frac{1}{27}$

c) $625^{-\frac{1}{4}} = \frac{1}{625^{\frac{1}{4}}} = \frac{1}{5}$

d) $243^{-0{,}6} = \frac{1}{243^{\frac{3}{5}}} = \frac{1}{27}$

TR für $\sqrt[3]{2} = 2^{\frac{1}{3}}$

2 [yˣ] [(] 1 [÷] 3 [)] [=]

oder

2 [INV] [yˣ] 3 [=]

oder

2 [yˣ] 3 [1/x] [=]

oder

2 [ˣ√y] 3 [=]

6 Bestimme mit dem TR Näherungswerte. Runde auf eine Stelle nach dem Komma.

a) $\sqrt[4]{2} \approx 1{,}2$ b) $\sqrt[100]{5} \approx 1{,}0$ c) $\sqrt[6]{24} \approx 1{,}7$ d) $\sqrt[10]{10} \approx 1{,}3$

e) $15^{\frac{2}{5}} \approx 3{,}0$ f) $7^{-\frac{1}{2}} \approx 0{,}4$ g) $100^{\frac{1}{3}} \approx 4{,}6$ h) $100^{\frac{1}{4}} \approx 3{,}2$

1.1   a) $36^{\frac{1}{2}}$ b) $243^{\frac{1}{5}}$ c) $64^{\frac{1}{3}}$
d) $625^{\frac{1}{4}}$ e) $5^{\frac{1}{3}}$ f) $a^{\frac{1}{2}}$ g) $x^{\frac{1}{3}}$

2.1   a) $\sqrt{49}$ b) $\sqrt[3]{8}$ c) $\sqrt[4]{16}$
d) $\sqrt{196}$ e) $\sqrt[3]{10}$ f) $\sqrt[5]{b}$ g) $\sqrt[3]{y}$

3.1   a) $9^{\frac{1}{2}}$ b) $25^{\frac{1}{2}}$ c) $8^{\frac{1}{3}}$
d) $16^{\frac{1}{2}}$ e) $16^{\frac{1}{4}}$ f) $1000^{\frac{1}{3}}$ g) $125^{\frac{1}{3}}$
h) $81^{\frac{1}{2}}$ i) $81^{\frac{1}{4}}$ j) $0{,}008^{\frac{1}{3}}$ k) $216^{\frac{1}{3}}$

•4.1
a) $16^{\frac{3}{4}}$ b) $125^{\frac{2}{3}}$ c) $64^{\frac{2}{3}}$ d) $243^{\frac{3}{5}}$
e) $64^{\frac{3}{2}}$ f) $0{,}04^{\frac{3}{2}}$ g) $0{,}0016^{\frac{3}{4}}$ h) $0{,}008^{\frac{2}{3}}$

•5.1
a) $36^{-\frac{1}{2}}$ b) $125^{-\frac{1}{3}}$ c) $81^{-0{,}25}$ d) $64^{-\frac{2}{3}}$

6.1
a) $\sqrt[3]{100}$ b) $80^{\frac{1}{4}}$ c) $20^{\frac{2}{3}}$ d) $10^{-\frac{2}{5}}$

27

Potenzen und Potenzfunktionen

7 NT Parabeln und Hyperbeln darstellen

1 a) Starte ein Computerprogramm für den Mathematikunterricht. Wähle aus: Funktionen darstellen oder Graphen oder ...
b) Stelle die Parabeln y = x² und y = x³ für x ≥ 0 auf dem Bildschirm dar.
c) Drucke die Graphen aus. Färbe die Parabel von y = x² rot und die Parabel von y = x³ grün.
d) Für welche x gilt:

① x² = x³? für x = **0** oder x = **1**

② x² > x³? für **0** < x < **1**

③ x² < x³? für **x > 1**

Parabeln und Hyperbeln auf dem Bildschirm darstellen
Gleichung y = x^r für r ∈ ℝ

Parabeln	Hyperbeln
x ≥ 0 und r > 0 und r ≠ 1	x > 0 und r < 0

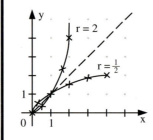
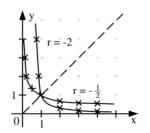

2 a) Stelle die Parabeln y = x² und y = x³ für x < 0 dar.
b) Drucke die Graphen. Färbe die Parabel y = x² rot und die Parabel y = x³ grün.

c) Welche Beziehung gilt immer zwischen x² und x³?

x³ < x² für x < 0

$x^{-1} = \frac{1}{x}$ für x ≠ 0
$x^{-2} = \frac{1}{x^2}$ für x ≠ 0

3 a) Untersuche wie in Aufgabe 1 die Hyperbeln y = x⁻¹ und y = x⁻² für x > 0.
Für welche x gilt:

① x⁻¹ = x⁻²? für **x = 1**   ② x⁻¹ > x⁻²? für **x > 1**   ③ x⁻¹ < x⁻²? für **0 < x < 1**

b) Welche Beziehung gilt bei x < 0 immer zwischen x⁻¹ und x⁻²?   ***x⁻¹ < x⁻² für x < 0***

4 Im Folgenden sind Graphen von y = x^r abgebildet. Untersuche, für welche r man diese Graphen erhält.

a)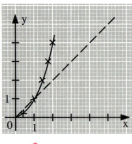
r = **2**

b)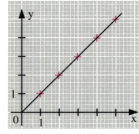
r = **1/3**

c)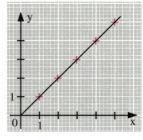
r = **1**

Winkelhalbierende im I. Quadranten
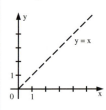

d)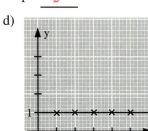
r = **0**

e)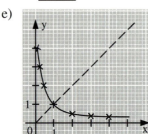
r = **-1**

f)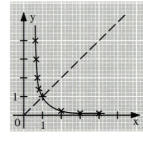
r = **-3**

DIPLOM

	☆	☾	☀
1	Berechne! $9^{\frac{1}{2}} = $ _3_	Berechne! $8^{\frac{1}{3}} = $ _2_	Berechne! $9^{-\frac{1}{2}} = \frac{1}{3}$
2	Schreibe als Potenz mit der Basis 10. $1000 = $ _10^3_	Schreibe als Potenz mit der Basis 2. $256 = $ _2^8_	Schreibe als Potenz mit der Basis 2. $0{,}125 = \frac{1}{8} = \frac{1}{2^3} = 2^{-3}$
3	Berechne! $\sqrt[3]{27} = $ _3_	Berechne! $\sqrt[4]{625} = $ _5_	Berechne! $81^{-\frac{1}{4}} = \frac{1}{\sqrt[4]{81}} = \frac{1}{3}$
4	Berechne! $16^{\frac{1}{2}} = $ _4_	Berechne! $8^{\frac{2}{3}} = \sqrt[3]{8^2} = \sqrt[3]{2\cdot 2\cdot 2\cdot 2\cdot 2\cdot 2} = 4$	Berechne! $8^{-\frac{2}{3}} = \frac{1}{\sqrt[3]{8^2}} = \frac{1}{4}$
5	Schreibe als Produkt mit einer Zehnerpotenz. $180\,000 = 1{,}8 \cdot 10^5$	Schreibe als Produkt mit einer Zehnerpotenz. $267\,436 \approx 2{,}7 \cdot 10^5$	Schreibe als Produkt mit einer Zehnerpotenz. $0{,}050961 \approx 5{,}1 \cdot 10^{-2}$
6	Schreibe als **eine** Potenz. $10^2 \cdot 10^{-5} = 10^{-3}$	Schreibe als **eine** Potenz. $10^{-2} : 0{,}4^{-2} = 25^{-2}$	Schreibe als **eine** Potenz. $(2^{-2})^{-3} = 2^6$
7	Führe eine Überschlagsrechnung durch. $7600 \cdot 52\,700$ $\approx 8 \cdot 10^3 \cdot 5 \cdot 10^4$ $\approx 4 \cdot 10^8$	Führe eine Überschlagsrechnung durch. $0{,}0842 \cdot 389\,000$ $\approx 8 \cdot 10^{-2} \cdot 4 \cdot 10^5$ $\approx 3{,}2 \cdot 10^4$	Führe eine Überschlagsrechnung durch. $0{,}8109 : 0{,}000476$ $\approx (8 \cdot 10^{-1}) : (5 \cdot 10^{-4})$ $\approx 1{,}6 \cdot 10^3$
8	Gib die Funktionsgleichung an. $y = x^2$	Gib die Funktionsgleichung an. $y = x^{\frac{1}{2}}$	Gib die Funktionsgleichung an. $y = x^{-1}$

Bronze: ☆☆☆☆☆☆ Silber: ☾☾☾☾☆☆☆ Gold: ☀☀☀☀☾☾☾☾

4 Trigonometrie

1 Rechtwinklige Dreiecke konstruieren und berechnen

1 Bezeichne das Dreieck wie im Kasten.
a)

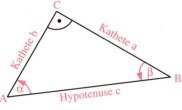

Bezeichnungen im **rechtwinkligen** Dreieck

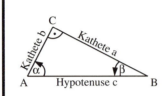

Die Seiten am rechten Winkel heißen **Katheten.**

Die **Hypotenuse** liegt dem rechten Winkel gegenüber.

Die **Hypotenuse** ist die längste Dreiecksseite.

b) 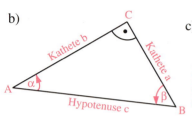   c) d)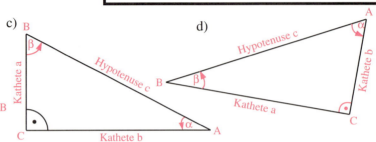

2 Konstruiere das rechtwinklige Dreieck.
Gegeben: Kathete a = 4,5 cm
           Kathete b = 3,2 cm
           Winkel   γ = 90°

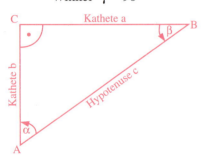

3 Konstruiere das rechtwinklige Dreieck mit dem Thaleskreis. Gegeben:
Hypotenuse c = 5,8 cm
Kathete   b = 2,0 cm; Winkel γ = 90°

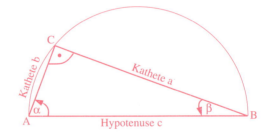

Konstruktion eines rechtwinkligen Dreiecks mit dem **Thaleskreis**

(1) Hypotenuse c zeichnen und halbieren
(2) Thaleskreis zeichnen
(3) Fehlenden Punkt konstruieren

zu 4 und 5
Satz des Pythagoras

$a^2 + b^2 = c^2$

(1) Gegeben/gesucht notieren
(2) Formel notieren/umformen
(3) Werte einsetzen, ausrechnen
(4) Ergebnis notieren

4 Berechne die Hypotenuse c.
(1) Kathete a = 8 cm; Kathete b = 12 cm.

(2) $c^2 = a^2 + b^2$

   $c = \sqrt{a^2 + b^2}$

(3) [TR] $\sqrt{8^2 + 12^2}$

(4) $c \approx 14{,}4\ cm$

5 Berechne die Kathete a.
(1) Kathete b = 9 cm; Hypotenuse c = 14 cm.

(2) $a^2 = c^2 - b^2$

   $a = \sqrt{c^2 - b^2}$

(3) [TR] $\sqrt{14^2 - 9^2}$

(4) $a \approx 10{,}7\ cm$

2.1 Konstruiere das rechtwinklige Dreieck. Gegeben sind:
a) Kathete a = 8,0 cm   b) Kathete a = 7,5 cm
   Kathete b = 10,0 cm   Hypotenuse c = 12,0 cm
   Winkel γ = 90°   Winkel γ = 90°

3.1 Konstruiere mit dem Thaleskreis. Gegeben sind:
a) Hypotenuse c = 11,0 cm b) Kathete a = 6,5 cm
   Kathete b = 8,5 cm   Hypotenuse c = 10,0 cm
   Winkel γ = 90°   Winkel γ = 90°

4.1 Berechne die Hypotenuse c.
a) Kathete a = 7,8 cm   b) Kathete a = 6,30 m
   Kathete b = 9,2 cm   Kathete b = 2,70 m

5.1 Berechne die andere Kathete.
a) Kathete a = 3,2 cm   b) Kathete b = 6,3 cm
   Hypotenuse c = 8,0 cm   Hypotenuse c = 8,8 cm
c) Hypotenuse c = 9,5 cm d) Kathete a = 2,80 m
   Kathete a = 7,1 cm   Hypotenuse c = 4,20 m

Trigonometrie

2 Sinus

1 Färbe die Gegenkathete zu α rot, die Hypotenuse blau. Bestimme sin α.

a)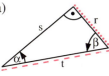

sin α = $\frac{r}{t}$

b)

sin α = $\frac{v}{u}$

Sinus eines Winkels α = $\frac{\text{Gegenkathete zu } \alpha}{\text{Hypotenuse}}$

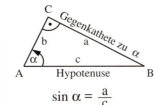

sin α = $\frac{a}{c}$

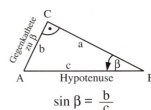

sin β = $\frac{b}{c}$

2 Bestimme sin α und sin β.

a)

sin α = $\frac{m}{l}$

sin β = $\frac{k}{l}$

b)

sin α = $\frac{x}{z}$

sin β = $\frac{y}{z}$

c)

sin α = $\frac{p}{r}$

sin β = $\frac{q}{r}$

d)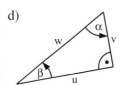

sin α = $\frac{u}{w}$

sin β = $\frac{v}{w}$

a ist **Gegenkathete** zu α

b ist **Gegenkathete** zu β

3 Bestimme mit dem Taschenrechner (TR) sin α. Runde auf vier Dezimalstellen.

α	20°	40°	70°
sin α	0,3420	0,6428	0,9397

4 Bestimme mit dem TR die zu dem angegebenen Wert zugehörige Winkelgröße α.

sin α	0,8660	0,5736	0,9659
α	60,0°	35,0°	75,0°

TR

für sin 35° = ■
35 [SIN]

für sin α = 0,4226
α = ■
0,4226 [INV] [SIN]

TR muss auf Winkelmaß **DEG** eingestellt sein!

Merke
sin 0° = 0
sin 30° = $\frac{1}{2}$
sin 90° = 1

5 Berechne den Winkel α.

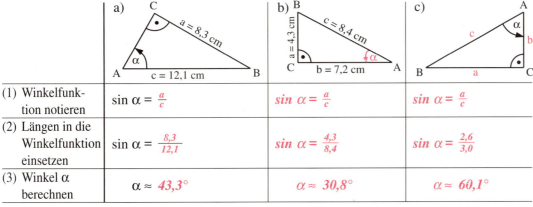

	a)	b)	c)
(1) Winkelfunktion notieren	sin α = $\frac{a}{c}$	sin α = $\frac{a}{c}$	sin α = $\frac{a}{c}$
(2) Längen in die Winkelfunktion einsetzen	sin α = $\frac{8,3}{12,1}$	sin α = $\frac{4,3}{8,4}$	sin α = $\frac{2,6}{3,0}$
(3) Winkel α berechnen	α ≈ 43,3°	α ≈ 30,8°	α ≈ 60,1°

2.1 Bestimme zu Fig. 1 sin α und sin β.

3.1 Bestimme mit dem TR sin α für
a) α = 30°, b) α = 35°, c) α = 65°, d) α = 88°.

4.1 Bestimme mit dem TR die Winkelgröße α für
a) sin α = 0,4226   b) sin α = 0,8192   c) sin α = 0,9205
d) sin α = 0,2588   e) sin α = 0,9962   f) sin α = 0,9994

5.1 Berechne den Winkel α
a) in Fig. 2,   b) in Fig. 3.

Fig. 1   Fig. 2   Fig. 3

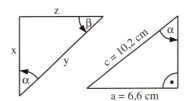

31

Trigonometrie

3 Kosinus

1 Färbe die Ankathete zu α rot, die Hypotenuse blau. Bestimme cos α.

a)

$\cos \alpha = \frac{s}{t}$

b)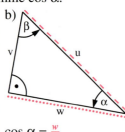

$\cos \alpha = \frac{w}{u}$

Kosinus eines Winkels $\alpha = \frac{\text{Ankathete zu } \alpha}{\text{Hypotenuse}}$

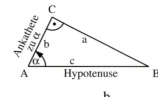

$\cos \alpha = \frac{b}{c}$

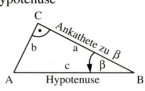

$\cos \beta = \frac{a}{c}$

2 Bestimme cos α und cos β.

a)

$\cos \alpha = \frac{k}{l}$

$\cos \beta = \frac{m}{l}$

b)

$\cos \alpha = \frac{y}{z}$

$\cos \beta = \frac{x}{z}$

c)

$\cos \alpha = \frac{q}{r}$

$\cos \beta = \frac{p}{r}$

d)

$\cos \alpha = \frac{v}{w}$

$\cos \beta = \frac{u}{w}$

b ist **Ankathete** zu α
a ist **Ankathete** zu β

3 Bestimme mit dem Taschenrechner (TR) cos α. Runde auf vier Dezimalstellen.

α	20°	40°	70°
cos α	**0,9397**	**0,7660**	**0,3420**

4 Bestimme mit dem TR die zu dem angegebenen Wert zugehörige Winkelgröße α.

cos α	0,8660	0,5736	0,9659
α	**30,0°**	**55,0°**	**15,0°**

[TR]

für cos 50° = ■
50 [COS]

für cos α = 0,5736
α = ■
0,5736 [INV] [COS]

TR muss auf Winkelmaß **DEG** eingestellt sein!

5 Berechne den Winkel α.

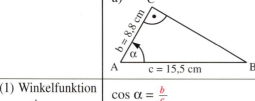

a) C, b = 8,8, A c = 15,5 cm B
b) B, a = 7,2 cm, c = 12,7 cm, b = 10,5 cm A
c) A, α, c, b, a, C

(1) Winkelfunktion notieren	$\cos \alpha = \frac{b}{c}$	$\cos \alpha = \frac{b}{c}$	$\cos \alpha = \frac{b}{c}$
(2) Längen in die Winkelfunktion einsetzen	$\cos \alpha = \frac{8,8}{15,5}$	$\cos \alpha = \frac{10,5}{12,7}$	$\cos \alpha = \frac{1,5}{3,0}$
(3) Winkel α berechnen	**α ≈ 55,4°**	**α ≈ 34,2°**	**α = 60°**

Merke
cos 90° = 0
cos 60° = $\frac{1}{2}$
cos 0° = 1

2.1 Bestimme zu Fig. 1 cos α und cos β.

3.1 Bestimme mit dem TR cos α für
a) α = 30°, b) α = 35°, c) α = 65°, d) α = 88°.

4.1 Bestimme mit dem TR die Winkelgröße α für
a) cos α = 0,4226 b) cos α = 0,8192 c) cos α = 0,9205
d) cos α = 0,2588 e) cos α = 0,9962 f) cos α = 0,9994

5.1 Berechne den Winkel α
a) zu Fig. 2, b) zu Fig. 3.

Fig. 1 Fig. 2 Fig. 3

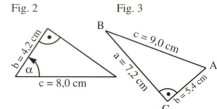

32

Trigonometrie

4 Tangens

1 Färbe die Gegenkathete zu α rot, die Ankathete blau. Bestimme tan α.

a)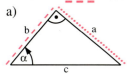

b)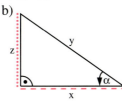

$\tan \alpha = \frac{a}{b}$

$\tan \alpha = \frac{z}{x}$

Tangens eines Winkels $\alpha = \frac{\text{Gegenkathete zu } \alpha}{\text{Ankathete zu } \alpha}$

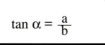

$\tan \alpha = \frac{a}{b}$ $\tan \beta = \frac{b}{a}$

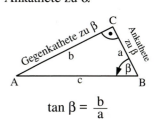

2 Bestimme tan α und tan β.

a)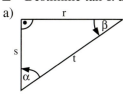

$\tan \alpha = \frac{r}{s}$

$\tan \beta = \frac{s}{r}$

b)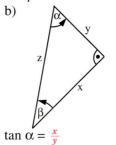

$\tan \alpha = \frac{x}{y}$

$\tan \beta = \frac{y}{x}$

c)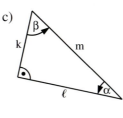

$\tan \alpha = \frac{k}{l}$

$\tan \beta = \frac{l}{k}$

d)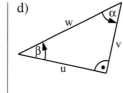

$\tan \alpha = \frac{u}{v}$

$\tan \beta = \frac{v}{u}$

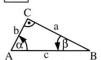

a ist **Gegenkathete** zu α
b ist **Ankathete** zu α

b ist **Gegenkathete** zu β
a ist **Ankathete** zu β

TR

für tan 35° = ■
35 [TAN]

für tan α = 0,5774
α = ■
0,5774 [INV] [TAN]

TR muss auf Winkelmaß **DEG** eingestellt sein!

3 Bestimme mit dem Taschenrechner (TR) tan α. Runde auf vier Dezimalstellen.

α	30°	50°	80°
tan α	**0,5774**	**1,1918**	**5,6713**

4 Bestimme mit dem TR die zu dem angegebenen Wert zugehörige Winkelgröße α.

tan α	0,4663	0,8391	2,1445
α	**25,0°**	**40,0°**	**65,0°**

Merke
tan 0° = 0
tan 45° = 1

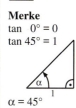

α = 45°

5 Bestimme die Winkelbeziehung und berechne den Winkel α.

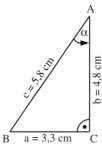

a) $\tan \alpha = \frac{a}{b}$	b) $\sin \alpha = \frac{a}{c}$	c) $\cos \alpha = \frac{b}{c}$
$\tan \alpha = \frac{3,3}{4,8}$	$\sin \alpha = \frac{3,3}{5,8}$	$\cos \alpha = \frac{4,8}{5,8}$
α ≈ **34,5°**	α ≈ **34,7°**	α ≈ **34,1°**

2.1 Bestimme zu Fig. 1 tan α und tan β.

3.1 Bestimme mit dem TR tan α für
a) α = 30°, b) α = 35°, c) α = 65°, d) α = 12°,
e) α = 15°, f) α = 22°, g) α = 90°, h) α = 89°,
i) α = 5°,   j) α = 25°, k) α = 1°,   l) α = 18°.

4.1 Bestimme mit dem TR die Winkelgröße α für
a) tan α = 0,2679, b) tan α = 0,3640, c) tan α = 0,9657,
d) tan α = 1,1918, e) tan α = 2,1445, f) tan α = 5,6729.

5.1 Berechne den Winkel α
a) zu Fig. 2,   b) zu Fig. 3.

Fig. 1   Fig. 2   Fig. 3

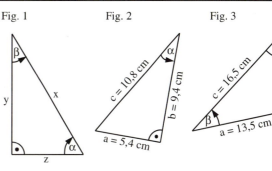

Trigonometrie

5 Berechnungen an rechtwinkligen Dreiecken

1 Löse wie im Beispiel ①.
(1) gegeben: Kathete $a = 13{,}2$ cm
Hypotenuse $c = 18{,}5$ cm

gesucht: *Kathete b, Winkel α, Winkel β*

(2) $\sin \alpha = \dfrac{a}{c} =$ [TR] $\dfrac{13{,}2}{18{,}5}$ [inv] [sin]

$\alpha \approx 45{,}5°$

(3) *β = 90° − α;* [TR] *90 − 45,5; β = 44,5°*

(4) *b = $\sqrt{c^2 - a^2}$;* [TR] $\sqrt{18{,}5^2 - 13{,}2^2}$

b ≈ 13,0 cm

Beispiel ①: 2 Seiten gegeben
Berechne die andere Seite und die Winkel des rechtwinkligen Dreiecks.

(1) **Gegeben/gesucht** notieren
gegeben: Kathete $a = 5{,}8$ cm
Hypotenuse $c = 8{,}4$ cm
gesucht: Kathete b; Winkel α; Winkel β

(2) **Einen Winkel** berechnen
$\sin \alpha = \dfrac{a}{c}$ [TR] $\dfrac{5{,}8}{8{,}4}$ [inv] [sin]
$\alpha \approx 43{,}7°$

(3) **Anderen Winkel** berechnen
$\beta = 90° - \alpha$ [TR] $90 - 43{,}7$
$\beta = 46{,}3°$

(4) **Dritte Seite** berechnen
$a^2 + b^2 = c^2$
$b = \sqrt{c^2 - a^2}$ [TR] $\sqrt{8{,}4^2 - 5{,}8^2}$
$b \approx 6{,}1$ cm

---

2 Löse wie im Beispiel ①.
(1) gegeben: Kathete $a = 9{,}5$ cm
Kathete $b = 12{,}0$ cm

gesucht: *Hypotenuse c, Winkel α, Winkel β*

(2) $\tan \alpha = \dfrac{a}{b}$ [TR] $\dfrac{9{,}5}{12{,}0}$ [inv] [tan]

$\alpha \approx 38{,}4°$

(3) *β = 90° − α;* [TR] *90 − 38,4; β = 51,6°*

(4) *c = $\sqrt{a^2 + b^2}$;* [TR] $\sqrt{9{,}5^2 + 12{,}0^2}$*; c ≈ 15,3 cm*

3 Löse wie im Beispiel ②.
(1) gegeben: Kathete $b = 8{,}0$ cm
Winkel $\beta = 50°$

gesucht: *Kathete a, Hypotenuse c, Winkel α*

(2) *α = 90° − β;* [TR] *90 − 50; α = 40°*

(3) $\sin \beta = \dfrac{b}{c}$*; c = $\dfrac{b}{\sin \beta}$;* [TR] $\dfrac{8{,}0}{\sin 50°}$

c ≈ 10,4 cm

(4) *a = $\sqrt{c^2 - b^2}$;* [TR] $\sqrt{10{,}4^2 - 8{,}0^2}$*; a ≈ 6,6 cm*

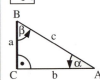

Beispiel ②:
1 Seite, 1 Winkel gegeben
(1) **Gegeben/gesucht** notieren
(2) **Anderen Winkel** berechnen
(3) **Andere Seite** berechnen, Winkelbeziehung notieren und umformen z. B.
$\sin \alpha = \dfrac{a}{c}$
$c = \dfrac{a}{\sin \alpha}$
(4) **Dritte Seite** berechnen z. B.
$\sin \beta = \dfrac{b}{c}$
$b = c \cdot \sin \beta$
oder
$a^2 + b^2 = c^2$
$b = \sqrt{c^2 - a^2}$

✓ zu 1 bis 4

---

4 Löse wie im Beispiel ②.
(1) gegeben: Hypotenuse $c = 15{,}0$ cm
Winkel $\alpha = 60°$

gesucht: *Kathete a, Kathete b, Winkel β*

(2) *β = 90° − α;* [TR] *90 − 60; β = 30°*

(3) $\sin \alpha = \dfrac{a}{c}$*; a = c · sin α;* [TR] *15,0 · sin 60°*

a ≈ 13,0 cm

(4) *b = $\sqrt{c^2 - a^2}$;* [TR] $\sqrt{15{,}0^2 - 13{,}0^2}$*; b ≈ 7,5 cm*

6,6; 7,5; 10,4; 13,0; 13,0; 15,3; 30,0; 38,4; 40,0; 44,5; 45,5; 51,6

1.1 Löse wie im Beispiel ①.
a) Kathete $a = 5{,}0$ cm
Hypotenuse $c = 7{,}2$ cm
b) Kathete $b = 7{,}5$ cm
Hypotenuse $c = 9{,}8$ cm

2.1 Löse wie im Beispiel ①.
a) Kathete $a = 5{,}5$ cm
Kathete $b = 9{,}0$ cm
b) Kathete $a = 3{,}50$ m
Kathete $b = 4{,}20$ m

3.1 Löse wie im Beispiel ②.
a) Kathete $a = 7{,}2$ cm
Winkel $\alpha = 55{,}0°$
b) Kathete $b = 1{,}60$ m
Winkel $\beta = 47{,}5°$

4.1 Löse wie im Beispiel ②.
a) Hypotenuse $c = 6{,}8$ cm
Winkel $\alpha = 34{,}0°$
b) Hypotenuse $c = 3{,}10$ m
Winkel $\beta = 78{,}0°$

5 Berechne die anderen Seiten und Winkel des rechtwinkligen Dreiecks.
a) Kathete $a = 8{,}2$ cm
Hypotenuse $c = 9{,}8$ cm
b) Hypotenuse $c = 10{,}5$ cm
Winkel $\beta = 75{,}0°$
c) Kathete $a = 2{,}75$ m
Kathete $b = 1{,}80$ m
d) Winkel $\alpha = 42{,}0°$
Kathete $b = 235$ m

Trigonometrie

6 Anwendungen in der Geometrie

1 Löse die Aufgabe im Kasten.
(2)
(3)

$\sin \alpha = \frac{h}{b}$

$h = b \cdot \sin \alpha$

(4) $h = b \cdot \sin \alpha$ [TR] $5{,}0 \cdot \sin 40°$

$h \approx 3{,}2 \text{ cm}$

Die Höhe beträgt 3,2 cm.

Berechne die Höhe h des Parallelogramms.
$\alpha = 40°$; $a = 8{,}0$ cm; $b = 5{,}0$ cm

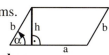

Lösungsschritte bei Anwendungsaufgaben:
(1) In der Zeichnung die gesuchte Größe rot, die gegebenen Größen grün färben.
(2) Das rechtwinklige Dreieck, in dem die gesuchte Größe enthalten ist, zeichnen.
(3) Das rechtwinklige Dreieck bezeichnen.
(4) Die gesuchte Größe berechnen.

2 Von einer Raute sind $a = 10{,}0$ cm und $\alpha = 60°$ bekannt. Berechne die Länge der Diagonalen d und e.

(1)   (2)
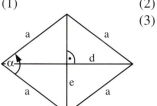
                 (3)

(4) $\sin \frac{\alpha}{2} = \frac{\frac{e}{2}}{a}$ $\frac{e}{2} = a \cdot \sin \frac{\alpha}{2}$

$e = 2 \cdot a \cdot \sin \frac{\alpha}{2}$ [TR] $2 \cdot 10 \cdot \sin 30°$

$e = 10{,}0$ cm

$\cos \frac{\alpha}{2} = \frac{\frac{d}{2}}{a}$ $\frac{d}{2} = a \cdot \cos \frac{\alpha}{2}$

$d = 2 \cdot a \cdot \cos \frac{\alpha}{2}$ [TR] $2 \cdot 10 \cdot \cos 30°$

$d \approx 17{,}3$ cm

$\sin \alpha = \frac{a}{c}$; $\sin \beta = \frac{b}{c}$

$\cos \alpha = \frac{b}{c}$; $\cos \beta = \frac{a}{c}$

$\tan \alpha = \frac{a}{b}$; $\tan \beta = \frac{b}{a}$

$a^2 + b^2 = c^2$

•3 Ein Würfel hat die Kantenlänge $a = 12{,}0$ cm. Berechne den Winkel α zwischen der Raumdiagonalen d und der Grundfläche.

(1)   (2)
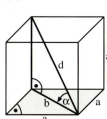   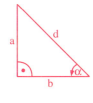
                 (3)

(4) $b = \sqrt{a^2 + a^2}$ [TR] $\sqrt{12^2 + 12^2}$

$b \approx 17{,}0$ cm

$\tan \alpha = \frac{a}{b}$ [TR] $\frac{12}{17}$ [inv] [tan]

$\alpha \approx 35{,}2°$

---

4 Von einem gleichschenkligen Dreieck (Fig. 1) sind bekannt: Basis $c = 8{,}0$ cm und die Schenkel $a = 12{,}0$ cm. Berechne die Länge der Höhe h.

5 Von einem Parallelogramm (Fig. 2) sind die Seiten $a = 4{,}0$ cm, $b = 8{,}5$ cm und die Höhe $h = 7{,}0$ cm bekannt. Berechne den Winkel α.

•6 Eine Pyramide (Fig. 3) hat die Grundseite $a = 15{,}0$ cm und die Körperhöhe $k = 20{,}0$ cm. Berechne den Neigungswinkel α der Seitenkanten zur Grundfläche.

Fig. 1   Fig. 2   Fig. 3

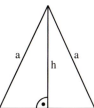 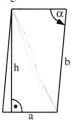 

Trigonometrie

7 Sachaufgaben mit Sinus, Kosinus und Tangens lösen

1 Löse die Aufgabe im Kasten.
(2) (3)

gegeben:
h = 6,00 m

α = 75°

(4)
$\sin \alpha = \frac{h}{\ell}$ $\ell = \frac{h}{\sin \alpha}$ [TR] $\frac{6}{\sin 75°}$

ℓ ≈ 6,21 m

Die Leiter muss mindestens 6,21 m lang sein.

Eine Leiter soll zur Reparatur der Dachrinne (6,00 m hoch) an einer Hauswand angestellt werden. Der Anstellwinkel α sollte höchstens 75° betragen. Wie lang muss die Leiter mindestens sein, damit sie bis zur Dachrinne reicht?

Lösungsschritte bei Anwendungsaufgaben
(1) In der Zeichnung die gesuchte Größe rot, die gegebenen Größen grün färben.
(2) Das rechtwinklige Dreieck, in dem die gesuchte Größe enthalten ist, zeichnen.
(3) Das rechtwinklige Dreieck bezeichnen.
(4) Die gesuchte Größe berechnen.

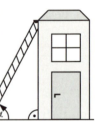

2 Ein Baum wirft einen Schatten von s = 15,30 m, wenn die Sonnenstrahlen unter dem Winkel α = 42° einfallen. Berechne die Höhe des Baumes.
(1)   (2)
                 (3)

  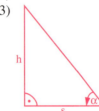

(4) $\tan \alpha = \frac{h}{s}$ $h = s \cdot \tan \alpha$

[TR] $15{,}3 \cdot \tan 42°$

h ≈ 13,78 m

Die Höhe des Baumes ist 13,78 m.

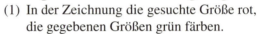

$\sin \alpha = \frac{a}{c}$ $\sin \beta = \frac{b}{c}$

$\cos \alpha = \frac{b}{c}$ $\cos \beta = \frac{a}{c}$

$\tan \alpha = \frac{a}{b}$ $\tan \beta = \frac{b}{a}$

$a^2 + b^2 = c^2$

Steigung 7%

7 Prozent = 7% = $\frac{7}{100}$

Auf 100 m steigt die Straße um 7 m an.

3 Welche Steigung in Prozent hat eine Straße mit dem Steigungswinkel α = 8°?
(1)   (2)
                 (3)
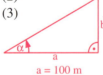
a = 100 m

(4) $\tan \alpha = \frac{b}{a}$ $b = a \cdot \tan \alpha$

[TR] $100 \cdot \tan 8°$

b ≈ 14,1 m

Die Steigung beträgt ($\frac{14{,}1}{100}$ =) 14,1%.

---

4 Zur Befestigung eines 10,50 m hohen Maibaums (Fig. 1) werden Seile (s = 15,00 m) seitwärts zum Erdboden gespannt. Unter welchem Winkel α werden die Seile am Boden befestigt?

5 Die Holme einer Stehleiter (Fig. 2) sind 2,50 m lang. Beim Aufstellen bilden die Holme einen Winkel α von 45°. Wie hoch reicht die Leiter?

6 Die Schienen einer Zahnradbahn (Fig. 3) haben eine Steigung von 35%.   a) Berechne den Steigungswinkel α.
b) Die Schienenlänge zwischen zwei Haltestationen beträgt 1230 m. Berechne den Höhenunterschied zwischen den beiden Stationen.

Fig. 1   Fig. 2   Fig. 3

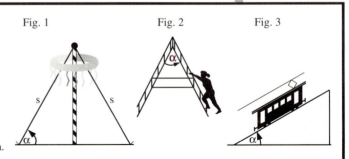

36

DIPLOM

	☆	☽	☀
1	Bestimme die Winkelbeziehung. $\sin \alpha = \frac{a}{c}$	Bestimme die Winkelbeziehung. $\cos \alpha = \frac{b}{c}$	Bestimme die Winkelbeziehung. $\tan \alpha = \frac{s}{r}$
2	Berechne den Winkel α. a = 12,0 cm c = 15,0 cm $\sin \alpha = \frac{a}{c}$; α ≈ 53,1°	Berechne den Winkel α. a = 9,5 cm c = 11,5 cm $\sin \alpha = \frac{a}{c}$; α ≈ 55,7°	Berechne den Winkel β. c = 12,0 cm b = 10,9 cm $\sin \beta = \frac{b}{c}$; β ≈ 65,3°
3	Berechne den Winkel α. b = 5,0 cm c = 8,0 cm $\cos \alpha = \frac{b}{c}$; α ≈ 51,3°	Berechne den Winkel α. c = 10,0 cm b = 6,0 cm $\cos \alpha = \frac{b}{c}$; α ≈ 53,1°	Berechne den Winkel β. c = 9,2 cm a = 7,3 cm $\cos \beta = \frac{a}{c}$; β ≈ 37,5°
4	Berechne den Winkel α. a = 10,0 cm b = 7,5 cm $\tan \alpha = \frac{a}{b}$; α ≈ 53,1°	Berechne den Winkel α. b = 8,0 cm a = 6,2 cm $\tan \alpha = \frac{a}{b}$; α ≈ 37,8°	Berechne den Winkel β. a = 10,7 cm b = 9,1 cm $\tan \beta = \frac{b}{a}$; β ≈ 40,4°

5	Berechne die anderen Seiten und Winkel.
	(1) a = 8,0 cm
	    c = 12,0 cm
	
	gesucht: *b, α, β*
	
	(2) $b = \sqrt{c^2 - a^2}$; b ≈ 8,9 cm
	
	(3) $\sin \alpha = \frac{a}{c}$ α ≈ 41,8°
	
	(4) β = 90° − α β ≈ 48,2°
		Berechne die anderen Seiten und Winkel.
		(1) a = 5,0 cm
		    b = 6,0 cm
		
		gesucht: *c, α, β*
		
		(2) $c = \sqrt{a^2 + b^2}$; c ≈ 7,8 cm
		
		(3) $\sin \alpha = \frac{a}{c}$ α ≈ 39,9°
		
		(4) β = 90° − α β ≈ 50,1°
			Berechne die anderen Seiten und Winkel.
			(1) α = 50,5°
			    b = 8,4 cm
			
			gesucht: *a, c, β*
			
			(2) $\cos \alpha = \frac{b}{c}$; $c = \frac{b}{\cos \alpha}$ ≈ 13,2 cm
			
			(3) $a = \sqrt{c^2 - b^2}$ a ≈ 10,2 cm
			
			(4) β = 90° − α β ≈ 39,5°

	Bronze: ☆ ☆ ☆ ☆	Silber: ☽ ☽ ☽ ☆ ☆	Gold: ☀ ☀ ☀ ☽ ☽

37

5 Trigonometrische Funktionen

1 Periodische Vorgänge

1 a) Die Spitze des Minutenzeigers zeigt auf 5, 10, 15, 20, ..., 55 Minuten. Zeichne jeweils die Abstände dieser Punkte zur waagerechten Diagonalen d.

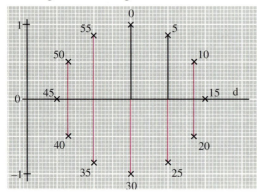

Die Spitze des Minutenzeigers einer Uhr bewegt sich auf einer Kreislinie. Bestimmt man die Abstände der Spitze von der waagerechten Diagonalen d so erhält man die Zuordnung *Minutenangabe → Abstand der Zeigerspitze von d*.

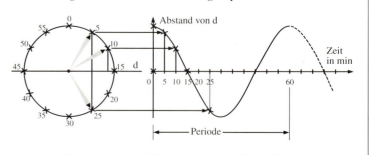

b) Trage die Punkte in das Koordinatensystem ein. Der x-Wert ist die Minutenangabe, der y-Wert ist der Abstand von d.

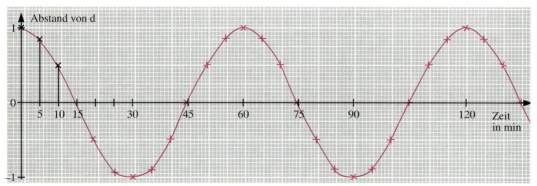

c) Bestimme die Abstände bei 70, 80, ..., 130 Minuten. Trage auch diese Werte als Punkte in das Koordinatensystem ein.

d) Nach wie viel Minuten wiederholt sich der gesamte Vorgang?

70	80	90	100	110	120	130
0,5	*−0,5*	*−1,0*	*−0,5*	*0,5*	*1,0*	*0,5*

Der Vorgang wiederholt sich nach 60 min.

2 Welche Vorgänge sind periodisch? Wie lang ist die Periode?

Vorgang	periodisch (ja/nein)	Dauer der Periode
Wasserstand an einem Pegel an der Nordseeküste.	*ja*	*12½ Stunden*
Die Bewegung eines Pendels einer Standuhr.	*ja*	*1 Sekunde*
Das Springen eines Balles, der aus 4 m Höhe herunterfällt.	*nein*	*—*

Vorgänge, die sich wiederholen, nennt man **periodisch**.

•3 Welche der dargestellten Funktionen sind periodisch? Kennzeichne die Periode.

a)  b) 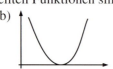 c) 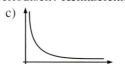 d)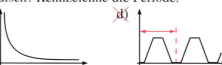

Funktionen, deren Graphen verschiebungssymmetrisch sind, heißen **periodische Funktionen**.

38

Trigonometrische Funktionen

•2 Sinusfunktion

1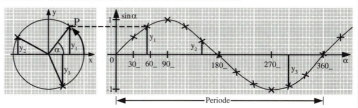

Der Punkt P bewegt sich auf der Kreislinie des Einheitskreises (r = 1). Ordnet man der Winkelgröße α den **y-Wert** des Punktes P zu, so erhält man eine periodische Funktion. Diese Funktion nennt man **Sinusfunktion.**

Den Graph der Sinusfunktion nennt man **Sinuskurve.**
Die Sinusfunktion α → *sin* α hat die **Periode 360°**.

a) Färbe im rechtwinkligen Dreieck OQP die Hypotenuse rot, die Gegenkathete zu α blau.

b)
(1) Winkelbeziehung notieren $\sin \alpha = \dfrac{\text{Gegenkathete}}{\text{Hypotenuse}}$
(2) Seitenlängen messen, einsetzen $\sin 40° = \dfrac{0{,}64}{1}$
(3) Näherungswert für sin α berechnen $\sin 40° = 0{,}64$

c) Zeichne in Fig. 1 ebenso ein rechtwinkliges Dreieck mit α = 65°. Berechne wie in 1b.
(1) $\sin \alpha = \dfrac{\text{Gegenkathete}}{\text{Hypotenuse}}$
(2) $\sin 65° = \dfrac{0{,}91}{1}$
(3) *sin 65° = 0,91*

$\sin \alpha = \dfrac{\text{Gegenkathete}}{\text{Hypotenuse}}$

Einheitskreis
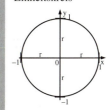
Kreis mit dem Radius r = 1 Einheit. (Achtung: Einheit muss nicht cm sein!)

2 Bestimme wie in Aufgabe 1 die Näherungswerte für sin α.

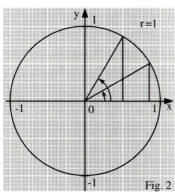
Fig. 2

α	0°	30°	60°	90°	120°
sin α	*0,00*	*0,50*	*0,85*	*1,00*	*0,85*

α	150°	180°	210°	240°	270°
sin α	*0,50*	*0,00*	*−0,50*	*−0,85*	*−1,00*

α	300°	330°	360°	390°	420°
sin α	*−0,85*	*−0,50*	*0,00*	*0,50*	*0,85*

3 a) Übertrage die Werte der Tabelle (aus Aufgabe 2) in das Koordinatensystem. Verbinde die Kreuze zu einer Kurve.

b) Bestimme mit dem TR sin 45° und sin 15°. Trage die Werte ein. Welche weiteren Winkel haben den gleichen Sinuswert? Zeichne sie in Figur 3 ein.

sin 45° = sin *135°* = sin *405°*
sin 15° = sin *165°* = sin *375°*

TR
für sin 45° = ■
45 [SIN]

TR muss auf Winkelmaß **DEG** eingestellt sein!

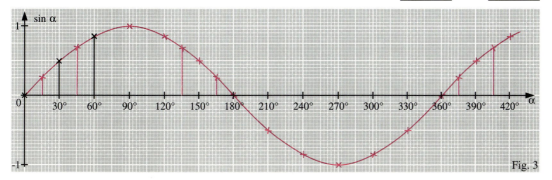
Fig. 3

Trigonometrische Funktionen

•3 Kosinusfunktion

1

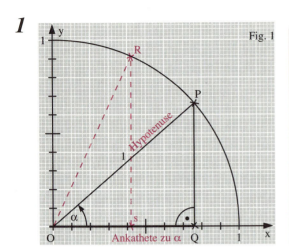

Fig. 1

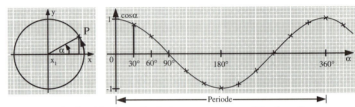

Der Punkt P bewegt sich auf der Kreislinie des Einheitskreises (r = 1). Ordnet man der Winkelgröße α den **x-Wert** des Punktes P zu, so erhält man eine periodische Funktion. Diese Funktion nennt man **Kosinusfunktion.**

Den Graph der Kosinusfunktion nennt man **Kosinuskurve.**
Die Kosinusfunktion α → cos α hat die **Periode 360°**.

a) Färbe im rechtwinkligen Dreieck OQP die Hypotenuse rot, die Ankathete zu α grün.

b)
(1) Winkelbeziehung notieren $\cos α = \dfrac{\text{Ankathete}}{\text{Hypotenuse}}$
(2) Seitenlängen messen, einsetzen $\cos 40° = \dfrac{0{,}77}{1}$
(3) Näherungswert für α berechnen $\cos 40° = 0{,}77$

c) Zeichne in Fig. 1 ebenso ein rechtwinkliges Dreieck mit α = 65°. Danach Schrittfolge wie in 1b.
(1) $\cos α = \dfrac{\text{Ankathete}}{\text{Hypotenuse}}$
(2) $\cos 65° = \dfrac{0{,}42}{1}$
(3) $\cos 65° = 0{,}42$

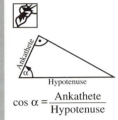

$\cos α = \dfrac{\text{Ankathete}}{\text{Hypotenuse}}$

2 Bestimme wie in Aufgabe 1 Näherungswerte für cos α.

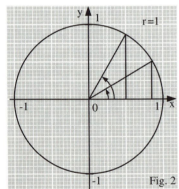

α	0°	30°	60°	90°	120°
cos α	1,00	0,85	0,50	0,00	–0,50

α	150°	180°	210°	240°	270°
cos α	–0,85	–1,00	–0,85	–0,50	0,00

α	300°	330°	360°	390°	420°
cos α	0,50	0,85	1,00	0,85	0,5

Einheitskreis

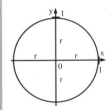

Kreis mit dem Radius r = 1 Einheit. (Achtung: Einheit muss nicht cm sein!)

Fig. 2

3 a) Übertrage die Werte der Tabelle (aus Aufgabe 2) in das Koordinatensystem. Verbinde die Kreuze zu einer Kurve.

b) Bestimme mit dem TR cos 45° und cos 15°. Trage die Werte ein. Welche weiteren Winkel haben den gleichen Kosinuswert? Zeichne sie in Fig. 3 ein.

cos 45° = cos _315°_ = cos _405°_

cos 15° = cos _345°_ = cos _375°_

für cos 45° = ■
45 [COS]

TR muss auf Winkelmaß **DEG** eingestellt sein!

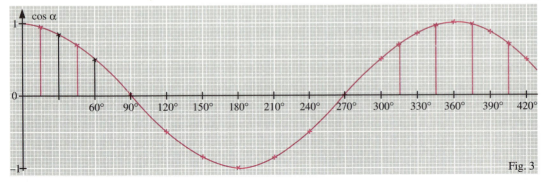

Fig. 3

40

•4 Tangensfunktion

1 a) Zeichne zum Einheitskreis die Tangente t im Punkt A.
b) Verbinde die Punkte P_1, P_2, ... mit dem Mittelpunkt O und verlängere die Linie bis zum Schnittpunkt P_1', P_2', ... mit der Tangente t.

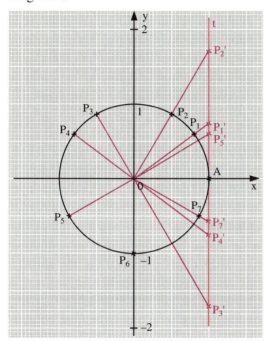

Der Punkt P bewegt sich auf der Kreislinie des Einheitskreises (r = 1). Ordnet man der Winkelgröße α den **y-Wert** des Punktes P' zu, so erhält man eine periodische Funktion. Diese Funktion nennt man **Tangensfunktion**.

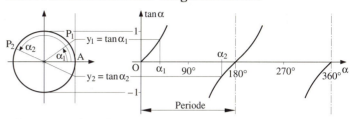

Die Tangensfunktion $\alpha \to \tan \alpha$ hat die Periode **180°**.

c) Färbe im rechtwinkligen Dreieck OAP_1' die Gegenkathete zu α blau, die Ankathete zu α grün. Notiere die Winkelbeziehung $\tan \alpha$. Miss die Seitenlängen und bestimme somit den Näherungswert für tan 35°.

$$\tan \alpha = \frac{\text{Gegenkathete}}{\text{Ankathete}}$$

$$\tan 35° = \frac{0{,}7}{1} = 0{,}7$$

P' ist Bildpunkt zu **P**

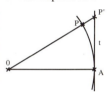

P' liegt auf der Tangente t des Einheitskreises durch A (1|0)

2 a) Trage die Winkel zu den gegebenen Werten ein und zeichne die zugehörigen rechtwinkligen Dreiecke OAP'. Färbe die Gegenkatheten zu α blau.
b) Lies aus der Zeichnung die Werte für tan α ab, trage sie in die Tabelle ein.

α	0°	30°	45°	60°	120°
tan α	0,00	0,58	1,00	1,75	−1,75

α	135°	150°	180°	210°	225°
tan α	−1,00	−0,58	0,00	0,58	1,00

α	240°	300°	315°	330°	360°
tan α	1,75	−1,75	−1,00	−0,58	0,00

c) Übertrage die Werte der Tabelle in das Koordinatensystem.
d) Bestimme mit dem TR weitere Werte für tan α. Verbinde die Punkte.

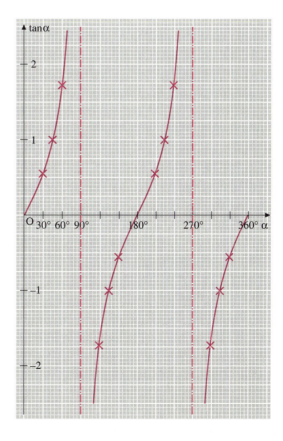

Tangente
Gerade, die den Kreis in einem Punkt berührt

TR
für tan 30° = ■
30 [TAN]

TR muss auf Winkelmaß **DEG** eingestellt sein!

Trigonometrische Funktionen

Trigonometrische Funktionen

•5 NT Trigonometrische Funktionen

Starte ein Computerprogramm für den Mathematikunterricht. Wähle im Menü die Darstellung von Funktionen.

1 a) Stelle die Funktion $x \to sin(x)$ auf dem Bildschirm dar.
b) Drucke den Graphen aus.
c) In welchen Punkten schneidet diese Funktion die x-Achse?

0; π (= 3,14); 2 · π (= 6,28); 3 · π (= 9,42); …

d) Verändere die Skalierung, indem du die Minimum- und Maximumwerte für die x-Achse und die y-Achse veränderst.

Trigonometrische Funktionen

Der x-Wert entspricht dem Bogenmaß $x = \frac{\alpha}{180°} \cdot \pi$.

2 Bearbeite $x \to cos(x)$ wie in Aufgabe 1.   **3** Bearbeite $x \to tan(x)$ wie in Aufgabe 1.

4 Ordne die Funktionen $x \to sin(x)$, $x \to cos(x)$ und $x \to tan(x)$ den Graphen im Kasten zu.

······· Linie   *x → cos (x)*   ---- Linie   *x → sin (x)*   —— Linie   *x → tan (x)*

5 Stelle beide Funktionen $x \to sin(x)$ und $x \to cos(x)$ auf dem Bildschirm dar und drucke sie aus.
a) In welchen Punkten schneiden sich die Funktionen?   *x = 0,7;   x ≈ 3,9;   x ≈ 7,1*

b) Bestimme die x-Werte und berechne die Winkel α.   *α = 45°;   α = 225°;   α = 405°*

6 Experimentiere. Gib dazu die Funktion $x \to sin(b + x)$ mit verschiedenen Werten für den Parameter b ein. Wie sehen diese Graphen im Vergleich zur Funktion $x \to sin(x)$ aus?

b = 0   *Sinusfunktion*   b = 1   *Funktion in x-Richtung um –1 verschoben.*

b = π   *Funktion in x-Richtung um π verschoben.*   b = –1   *Funktion in x-Richtung um +1 verschoben.*

7 Experimentiere. Gib dazu die Funktion $x \to a \cdot sin(x)$ mit verschiedenen Werten für den Parameter a ein. Wie sehen diese Graphen im Vergleich zur Funktion $x \to sin(x)$ aus?

a = 1   *Sinusfunktion*   a > 1   *wie Sinusfunktion, nur steiler*

0 < a < 1   *wie Sinusfunktion, nur flacher*   a = –1   *Sinusfunktion gespiegelt an der x-Achse.*

8 a) Gib die Funktionen ein.
① $x \to sin(x)$ ② $x \to cos(x)$
③ $x \to sin(\frac{\pi}{2} + x)$ ④ $x \to cos(\frac{\pi}{2} + x)$
⑤ $x \to sin(\frac{\pi}{2} - x)$ ⑥ $x \to cos(\frac{\pi}{2} - x)$
⑦ $x \to sin(\pi + x)$ ⑧ $x \to cos(\pi + x)$

b) Welche Graphen sind deckungsgleich?

②, ③ und ⑤;   ④ und ⑦

① und ⑥

Bogenmaß

$u_{Kreis} = 2 \cdot \pi \cdot r$
$\alpha \to x = \frac{\alpha}{180°} \cdot \pi \cdot 1$
$360° \to x = 2 \cdot \pi$
$180° \to x = \pi$
$90° \to x = \frac{\pi}{2}$

TR muss auf Winkelmaß **RAD** eingestellt werden!

6 Trigonometrische Berechnungen

1 Der Sinussatz

1 In einem Dreieck sind **S**eite-**S**eite-**W**inkel gegeben. Berechne die andere Seite und die anderen Winkel.
(1) gegeben: a = 4,8 cm; b = 7,5 cm; α = 28°

gesucht: *c; β; γ*

(2) $\frac{a}{b} = \frac{\sin \alpha}{\sin \beta}$

$\sin \beta = \frac{b}{a} \cdot \sin \alpha$ [TR] $\frac{7,5}{4,8} \cdot \sin 28°$

β ≈ 47,2°

(3) *γ = 180° − α − β; γ ≈ 104,8°*

(4) $\frac{a}{c} = \frac{\sin \alpha}{\sin \gamma}$

$c = a \cdot \frac{\sin \gamma}{\sin \alpha}$ [TR] $4,8 \cdot \frac{\sin 104,8°}{\sin 28°}$

c ≈ 9,9 cm

In einem Dreieck sind **S**eite-**S**eite-**W**inkel gegeben. Berechne die anderen Seiten und Winkel.

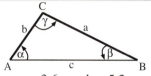

(1) **Gegeben/gesucht** notieren   gegeben: a = 3,6 cm; b = 5,2 cm; α = 35°; gesucht: c; β; γ

(2) **2. Winkel berechnen** $\frac{b}{a} = \frac{\sin \beta}{\sin \alpha}$
– Sinussatz auswählen,
– evtl. umformen, $\sin \beta = \frac{b}{a} \cdot \sin \alpha$ [TR] $\frac{5,2}{3,6} \cdot \sin 35°$
– Werte einsetzen,
– berechnen   β ≈ 55,9°

(3) **3. Winkel berechnen**   γ = 180° − α − β [TR] 180 − 35 − 55,9
– mit der Winkelsumme   γ = 89,1°

(4) **3. Seite berechnen**
– Sinussatz auswählen, $\frac{c}{a} = \frac{\sin \gamma}{\sin \alpha}$
– evtl. umformen,
– Werte einsetzen, $c = a \cdot \frac{\sin \gamma}{\sin \alpha}$ [TR] $3,6 \cdot \frac{\sin 89,1°}{\sin 35°}$
– berechnen   c ≈ 6,3 cm

---

2 In einem Dreieck sind **W**inkel-**W**inkel-**S**eite gegeben. Berechne den anderen Winkel und die anderen Seiten.

	a)	b)
(1) **Gegeben/gesucht** notieren	gegeben: a = 5,8 cm; β = 51°; γ = 29° *gesucht: b; c; α*	gegeben: b = 6,5 cm; α = 55°; γ = 62° *gesucht: a; c; β*
(2) **3. Winkel berechnen**	*α = 180° − β − γ* *α = 100°*	*β = 180° − α − γ* *β = 63°*
(3) **2. Seite berechnen** – Sinussatz auswählen, – umformen, – Werte einsetzen, – berechnen	$\frac{a}{b} = \frac{\sin \alpha}{\sin \beta}$ $b = a \cdot \frac{\sin \beta}{\sin \alpha}$ [TR] $5,8 \cdot \frac{\sin 51°}{\sin 100°}$ *b ≈ 4,6 cm*	$\frac{a}{b} = \frac{\sin \alpha}{\sin \beta}$ $a = b \cdot \frac{\sin \alpha}{\sin \beta}$ [TR] $6,5 \cdot \frac{\sin 55°}{\sin 63°}$ *a ≈ 6,0 cm*
(4) **3. Seite berechnen** – Sinussatz auswählen, – umformen, – Werte einsetzen, – berechnen	$\frac{a}{c} = \frac{\sin \alpha}{\sin \gamma}$ $c = a \cdot \frac{\sin \gamma}{\sin \alpha}$ [TR] $5,8 \cdot \frac{\sin 29°}{\sin 100°}$ *c ≈ 2,9 cm*	$\frac{b}{c} = \frac{\sin \beta}{\sin \gamma}$ $c = b \cdot \frac{\sin \gamma}{\sin \beta}$ [TR] $6,5 \cdot \frac{\sin 62°}{\sin 63°}$ *c ≈ 6,4 cm*

Sinussatz
In jedem Dreieck gilt:

$\frac{a}{b} = \frac{\sin \alpha}{\sin \beta}$ $\frac{b}{a} = \frac{\sin \beta}{\sin \alpha}$

$\frac{a}{c} = \frac{\sin \alpha}{\sin \gamma}$ $\frac{c}{a} = \frac{\sin \gamma}{\sin \alpha}$

$\frac{b}{c} = \frac{\sin \beta}{\sin \gamma}$ $\frac{c}{b} = \frac{\sin \gamma}{\sin \beta}$

Sinussatz anwenden bei
S-S-W
Seite-Seite-Winkel
W-W-S
Winkel-Winkel-Seite

Die Winkelsumme im Dreieck beträgt 180°.
α + β + γ = **180°**

1.1 Berechne die andere Seite und die anderen Winkel.
a) a = 7,8 cm   b = 9,2 cm   α = 48,0°
b) a = 12,0 cm   b = 8,7 cm   β = 35,0°
c) b = 3,40 m   c = 4,20 m   γ = 55,0°
d) a = 425 m   c = 630 m   α = 32,0°

2.1 Berechne den anderen Winkel und die anderen Seiten.
a) a = 8,2 cm   β = 72,0°   γ = 35,0°
b) b = 17,5 cm   α = 58,0°   γ = 49,5°
c) c = 2,75 m   α = 62,0°   β = 50,0°
d) a = 742 m   β = 29,5°   γ = 75,2°

Trigonometrische Berechnungen

2 Der Kosinussatz

1 In einem Dreieck sind Seite-Winkel-Seite gegeben. Berechne die andere Seite und die anderen Winkel.
(1) gegeben: a = 4,8 cm; b = 7,5 cm; γ = 78°

gesucht: *c; α; β*

(2) $c = \sqrt{a^2 + b^2 - 2ab \cdot \cos \gamma}$

[TR] $\sqrt{4,8^2 + 7,5^2 - 2 \cdot 4,8 \cdot 7,5 \cdot \cos 78°}$

c ≈ 8,0 cm

(3) $\frac{a}{c} = \frac{\sin \alpha}{\sin \gamma}$ $\sin \alpha = \frac{a}{c} \cdot \sin \gamma$

[TR] $\frac{4,8}{8,0} \cdot \sin 78°$ *α ≈ 35,9°*

(4) *β = 180° − α − γ; β ≈ 66,1°*

In einem Dreieck sind **S**eite-**W**inkel-**S**eite gegeben. Berechne die anderen Seiten und Winkel.

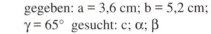

(1) **Gegeben/gesucht** notieren — gegeben: a = 3,6 cm; b = 5,2 cm; γ = 65° gesucht: c; α; β

(2) **3. Seite** berechnen
 – Kosinussatz auswählen, $c^2 = a^2 + b^2 - 2ab \cdot \cos \gamma$
 – Werte einsetzen,   [TR] $\sqrt{3,6^2 + 5,2^2 - 2 \cdot 3,6 \cdot 5,2 \cdot \cos 65°}$
 – berechnen   c ≈ 4,9 cm

(3) **2. Winkel berechnen**
 – Sinussatz auswählen, $\frac{a}{c} = \frac{\sin \alpha}{\sin \gamma}$
 – evtl. umformen,
 – Werte einsetzen, $\sin \alpha = \frac{a}{c} \cdot \sin \gamma$ [TR] $\frac{3,6}{4,9} \cdot \sin 65°$
 – berechnen   α ≈ 41,7°

(4) **3. Winkel berechnen**   β = 180° − α − γ   [TR] 180 − 41,7 − 65
 – mit der Winkelsumme   β ≈ 73,3°

---

2 In einem Dreieck sind **S**eite-**S**eite-**S**eite gegeben. Berechne die Winkel.

(1) **Gegeben/gesucht** notieren	a) gegeben: a = 5,8 cm; b = 6,2 cm; c = 3,5 cm gesucht: α, β, γ	b) gegeben: a = 12 m; b = 5 m c = 13 m gesucht: α, β, γ
(2) **1. Winkel berechnen** – Kosinussatz auswählen, – umformen, – Werte einsetzen, – berechnen	$a^2 = b^2 + c^2 - 2 \cdot b \cdot c \cdot \cos \alpha$ $\cos \alpha = -\frac{a^2 - b^2 - c^2}{2 \cdot b \cdot c}$ [TR] $-\frac{5,8^2 - 6,2^2 - 3,5^2}{2 \cdot 6,2 \cdot 3,5}$ *α ≈ 66,9°*	$a^2 = b^2 + c^2 - 2 \cdot b \cdot c \cdot \cos \alpha$ $\cos \alpha = -\frac{a^2 - b^2 - c^2}{2 \cdot b \cdot c}$ [TR] $-\frac{12^2 - 5^2 - 13^2}{2 \cdot 5 \cdot 13}$ *α ≈ 67,4°*
(3) **2. Winkel berechnen** – Sinussatz auswählen, – umformen, – Werte einsetzen, – berechnen	$\frac{a}{b} = \frac{\sin \alpha}{\sin \beta}$ $\sin \beta = \sin \alpha \cdot \frac{b}{a}$ [TR] $\sin 66,9° \cdot \frac{6,2}{5,8}$ *β ≈ 79,5°*	$\frac{a}{b} = \frac{\sin \alpha}{\sin \beta}$ $\sin \beta = \frac{b}{a} \cdot \sin \alpha$ [TR] $\frac{5}{12} \cdot \sin 67,4°$ *β ≈ 22,6°*
(4) **3. Winkel berechnen** – Winkelsumme	*γ = 180° − α − β* *γ ≈ 33,6°*	*γ = 180° − α − β* *γ ≈ 90,0°*

Kosinussatz
In jedem Dreieck gilt:
$a^2 = b^2 + c^2 - 2bc \cdot \cos \alpha$
$b^2 = a^2 + c^2 - 2ac \cdot \cos \beta$
$c^2 = a^2 + b^2 - 2ab \cdot \cos \gamma$

Kosinussatz anwenden bei
S-W-S Seite-Winkel-Seite
S-S-S Seite-Seite-Seite

Beachte
wenn 0° < α < 90°, dann cos α > 0
wenn α = 90°, dann cos α = 0
wenn 90° < α < 270°, dann cos α < 0

1.1 Berechne die anderen Seiten und Winkel.
a) a = 12,4 cm   b = 16,5 cm   γ = 45,0°
b) a = 10,5 cm   c = 9,1 cm   β = 62,5°
c) b = 2,35 m   c = 3,60 m   α = 33,0°
d) a = 542 m   b = 485 m   γ = 75,0°

2.1 Berechne in einem Dreieck ABC die Winkel.
a) a = 8,4 cm   b = 15,2 cm   c = 20,5 cm
b) a = 9,3 cm   b = 10,7 cm   c = 9,8 cm
c) a = 4,55 m   b = 7,25 m   c = 2,80 m
d) a = 1275 m   b = 755 m   c = 943 m

Trigonometrische Berechnungen

3 Dreiecke mit Winkelsätzen berechnen

Berechne die anderen Winkel und anderen Seiten des Dreiecks ABC.

1 gegeben: a = 6,3 cm; b = 8,2 cm; c = 10,5 cm

a) b)
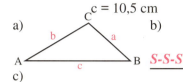
c)
(1) **gesucht: α; β; γ**

(2) $\cos α = -\dfrac{a^2 - b^2 - c^2}{2 \cdot b \cdot c}$

$\boxed{TR} = \dfrac{6{,}3^2 - 8{,}2^2 - 10{,}5^2}{2 \cdot 8{,}2 \cdot 10{,}5}$

α ≈ 36,8°

(3) $\sin β = \sin α \cdot \dfrac{b}{a}$ $\boxed{TR}$ $\sin 36{,}8° \cdot \dfrac{8{,}2}{6{,}3}$

β ≈ 51,2°

(4) **γ = 180° − α − β; γ ≈ 92,0°**

S-S-W	(1) Gegeben/gesucht notieren (2) **2. Winkel** berechnen mit dem **Sinussatz** (3) **3. Winkel** berechnen mit der **Winkelsumme** (4) **3. Seite** berechnen mit dem **Sinussatz**	
W-S-W	(1) Gegeben/gesucht notieren (2) **3. Winkel** berechnen mit der **Winkelsumme** (3) **2. Seite** berechnen mit dem **Sinussatz** (4) **3. Seite** berechnen mit dem **Sinussatz**	
S-W-S	(1) Gegeben/gesucht notieren (2) **3. Seite** berechnen mit dem **Kosinussatz** (3) **2. Winkel** berechnen mit dem **Sinussatz** (4) **3. Winkel** berechnen mit der **Winkelsumme**	
S-S-S	(1) Gegeben/gesucht notieren (2) **1. Winkel** berechnen mit dem **Kosinussatz** (3) **2. Winkel** berechnen mit dem **Sinussatz** (4) **3. Winkel** berechnen mit der **Winkelsumme**	

2 gegeben: a = 9,5 cm; β = 85,4°; γ = 45,2°

a) b)
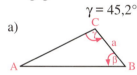 **W-S-W**

c)
(1) **gesucht: b; c; α**

(2) **α = 180° − β − γ; α = 49,4°**

(3) $b = a \cdot \dfrac{\sin β}{\sin α}$ $\boxed{TR}$ $9{,}5 \cdot \dfrac{\sin 85{,}4°}{\sin 49{,}4°}$

b ≈ 12,5 cm

(4) $c = a \cdot \dfrac{\sin γ}{\sin α}$ $\boxed{TR}$ $9{,}5 \cdot \dfrac{\sin 45{,}2°}{\sin 49{,}4°}$

c ≈ 8,9 cm

3 gegeben: a = 3,7 cm; c = 6,2 cm; γ = 107,0°

a) b)
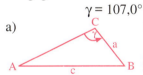 **S-S-W**

c)
(1) **gesucht: b; α; β**

(2) $\sin α = \dfrac{a}{c} \cdot \sin γ$ $\boxed{TR}$ $\dfrac{3{,}7}{6{,}2} \cdot \sin 107°$

α ≈ 34,8°

(3) **β = 180° − α − γ; β ≈ 38,2°**

(4) $b = a \cdot \dfrac{\sin β}{\sin α}$ $\boxed{TR}$ $3{,}7 \cdot \dfrac{\sin 38{,}2°}{\sin 34{,}8°}$

b ≈ 4,0 cm

4,0; 8,9; 12,5; 34,8; 36,8; 38,2; 49,4; 51,2; 92,0

Schrittfolge
(a) **Skizze** anlegen, Größen markieren
(b) **Aufgabentyp** (SSW, WSW, SWS, SSS) bestimmen
(c) Berechnen (1), (2), (3), (4)

**Sinussatz
Kosinussatz**

Winkelsumme
α + β + γ = 180°

 zu 1 bis 3

1.1 a) a = 7,2 cm   b = 8,5 cm   c = 6,8 cm
     b) a = 5,1 cm   b = 10,2 cm   c = 6,6 cm
     c) a = 3,20 m   b = 5,55 m   c = 2,95 m

2.1 a) a = 12,2 cm   β = 40,0°   γ = 72,0°
     b) b = 85 cm   γ = 82,0°   α = 37,0°
     c) c = 340 m   α = 62,0°   β = 45,0°

3.1 a) a = 8,9 cm   c = 9,1 cm   γ = 67,0°
     b) a = 76 cm   b = 92 cm   α = 38,5°
     c) b = 471 m   c = 288 m   β = 123,0°

4 a) b = 8,1 cm   c = 5,2 cm   α = 62,0°
   b) a = 12,3 cm   b = 18,5 cm   γ = 78,6°
   c) a = 2,15 m   c = 3,52 m   β = 11,2°

Trigonometrische Berechnungen

4 Winkelsätze in der Geometrie anwenden

1 Die Diagonalen d und e eines Parallelogramms schneiden sich im Winkel α.
α = 120,0°, d = 12,0 cm, e = 10,0 cm
Berechne die Länge der Seite a.

(1) 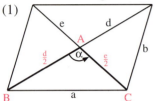 (2) S-W-S

(3) *3. Seite mit Kosinussatz berechnen*

$a = \sqrt{(\frac{d}{2})^2 + (\frac{e}{2})^2 - 2 \cdot \frac{d}{2} \cdot \frac{e}{2} \cdot \cos \alpha}$

[TR] $\sqrt{6^2 + 5^2 - 2 \cdot 6 \cdot 5 \cdot \cos 120°}$

a ≈ 9,5 cm

(4) *Die Länge der Seite a beträgt 9,5 cm.*

2 Berechne die Längen der Diagonalen d und e einer Raute (a = 8,0 cm, α = 70,0°).

(1) a) b) (2) *a) S-W-S*
b) S-S-W

(3)
a) *3. Seite mit Kosinussatz berechnen*

$e = \sqrt{a^2 + a^2 - 2 \cdot a \cdot a \cdot \cos \alpha} ≈ 9,2\ cm$

b) *2. und 3. Winkel berechnen*

β = 35°   γ = 110°

3. Seite mit Kosinussatz berechnen

$d = \sqrt{a^2 + a^2 - 2 \cdot a \cdot a \cdot \cos \gamma} ≈ 13,1\ cm$

(4) *Die Diagonalen betragen*
e = 9,2 cm und d = 13,1 cm.

In einem Parallelogramm sind die Seiten a und b und der Winkel α bekannt.
a = 19 cm, b = 12 cm, α = 50°
Berechne die Länge der Diagonalen d.

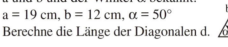

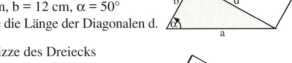

(1) – Skizze des Dreiecks anlegen,
– gegebene Größen kennzeichnen

(2) Aufgabentyp bestimmen   S-W-S

(3) Lösungsweg festlegen,   3. Seite mit Kosinussatz
    berechnen   berechnen

$d = \sqrt{a^2 + b^2 - 2ab \cdot \cos \alpha}$

[TR] $\sqrt{19^2 + 12^2 - 2 \cdot 19 \cdot 12 \cdot \cos 50°}$

d ≈ 14,6 cm

(4) Antwort notieren   Die Länge der Diagonalen d
                        beträgt 14,6 cm.

•3 Ein Würfel hat die Kantenlänge a = 10,0 cm. Wie groß ist der Winkel δ zwischen einer Raumdiagonalen und der Grundfläche?

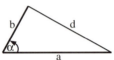

(1) $b = \sqrt{a^2 + a^2}$ (2) *rechtwinkliges*
                Dreieck,

                                     Tangensbeziehung

(3) $\tan \delta = \frac{a}{b}$

[TR] $\frac{10}{\sqrt{10^2 + 10^2}}$ [inv] [tan]

δ ≈ 35,3°

(4) *Der Winkel δ beträgt 35,3°.*

📖 **Sinussatz**
Kosinussatz

🐜 **Winkelsumme**
α + β + γ = 180°

---

4 Berechne den Umfang u des Dreiecks ABC mit
a) c = 8,5 cm,   α = 63,0°,   β = 37,0°
b) a = 10,2 cm,   c = 8,8 cm,   β = 71,0°.

•5 Berechne die Diagonalen e und f im Trapez ABCD (Fig. 1) mit a = 12,4 cm, b = 10,0 cm, d = 8,5 cm, α = 68,0°, β = 51,0°.

•6 Berechne die Winkel α, β, γ zwischen den Flächendiagonalen e, f, g des Quaders (Fig. 2) mit a = 20,0 cm, b = 12,0 cm und c = 10,0 cm.

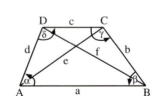
Fig. 1

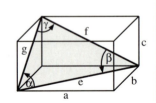
Fig. 2

Trigonometrische Berechnungen

5 Winkelsätze zur Vermessung anwenden

1 Zwei Seenotrettungskreuzer (S_1 und S_2) sind 28 Seemeilen (sm) voneinander entfernt. Sie empfangen ein Notsignal und peilen den Standort des Schiffes (P) an. Wie viele sm sind sie entfernt?

(1)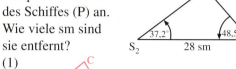

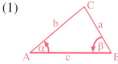   (2) *W-S-W*

(3) *3. Winkel mit Winkelsatz* $\gamma = 180° - \alpha - \beta$; $\gamma = 94{,}3°$

2. Seite mit Sinussatz

$a = c \cdot \frac{\sin \alpha}{\sin \gamma}$; [TR] $28 \cdot \frac{\sin 37{,}2°}{\sin 94{,}3°}$; $a \approx 17{,}0$ sm

3. Seite mit Sinussatz

$b = c \cdot \frac{\sin \beta}{\sin \gamma}$; [TR] $28 \cdot \frac{\sin 48{,}5°}{\sin 94{,}3°}$; $b \approx 21{,}0$ sm

(4) *S_1 ist 17,0 sm, S_2 ist 21,0 sm von P entfernt.*

Bestimme die Höhe h des Berggipfels. Die Länge der horizontalen Standlinie $\overline{AB}$ beträgt 200 m, von diesen Punkten wird der Gipfel mit $\alpha = 18{,}3°$ und $\beta = 20{,}2°$ angepeilt.

(1)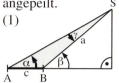

(1)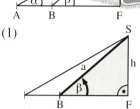

(2) W-W-S

(3) 2. Seite mit Sinussatz

$\gamma = 180° - \alpha - (180° - \beta)$

$\gamma = 1{,}9°$

$\frac{a}{c} = \frac{\sin \alpha}{\sin \gamma}$

$a = c \cdot \frac{\sin \alpha}{\sin \gamma}$ [TR] $200 \cdot \frac{\sin 18{,}3°}{\sin 1{,}9°}$

$a \approx 1894{,}1$ m

(2) W-W-S, rechtwinklig

(3) 2. Seite mit Sinus

$\frac{h}{a} = \sin \beta$

$h = a \cdot \sin \beta$

[TR] $1894{,}1 \cdot \sin 20{,}2°$

$h \approx 654{,}0$ m

(4) Die Höhe h des Berggipfels beträgt 654,0 m.

---

2 Ein Heißluftballon (d = 20 m) wird unter einem Sehwinkel von $\alpha = 6{,}5°$ beobachtet. Berechne die Entfernung e des Ballons vom Beobachter.

(1)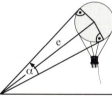

(2) *rechtwinkliges Dreieck, Sinus*

(3) $\sin \frac{\alpha}{2} = \frac{\frac{d}{2}}{e}$

$e = \frac{\frac{d}{2}}{\sin \frac{\alpha}{2}}$ [TR] $\frac{10}{\sin 3{,}25°}$

$e \approx 176{,}4$ m

(4) *Der Ballon ist 176 m entfernt.*

---

3 Zwischen den Punkten B und C eines Seeufers soll eine Fährverbindung eingerichtet werden. Wie lang ist die Strecke?

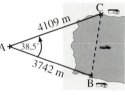

(1) 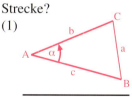   (2) *S-W-S*

(3) *3. Seite mit Kosinussatz berechnen*

$a = \sqrt{b^2 + c^2 - 2 \cdot b \cdot c \cdot \cos \alpha}$

[TR] $\sqrt{4109^2 + 3742^2 - 2 \cdot 4109 \cdot 3742 \cdot \cos 38{,}5°}$

$a \approx 2611$ m

(4) *Die Fähre fährt 2611 m.*

Schrittfolge

(1) – Skizze des Dreiecks anlegen,
 – gegebene Größen kennzeichnen
(2) Aufgabentyp bestimmen
(3) Lösungsweg festlegen, berechnen
(4) Antwort notieren

Sinussatz
Kosinussatz

1 sm (Seemeile) = 1,852 km

---

4 Der Abstand der Kirchturmspitzen von St. Paul P und St. Quirinius Q soll berechnet werden. Um die Entfernung zu bestimmen, misst man von einer Basislinie AB (Länge 250,00 m) aus die Winkel $\alpha = 76{,}3°$, $\beta = 40{,}8°$, $\gamma = 34{,}2°$, $\delta = 110{,}5°$. Berechne den Abstand von P nach Q.

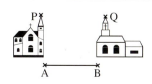 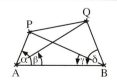

Trigonometrische Berechnungen

•6 Winkelsätze in Physik und Technik anwenden

1 Ein Flugzeug fliegt mit einer Eigengeschwindigkeit v = 680 km/h Kurs Nordwest (NW). Es wird durch einen Wind aus Osten (O) um 5° abgetrieben. Berechne die Windgeschwindigkeit w.

(1)

(2) *W-S-W*

(3) *Erst 3. Winkel, dann 2. Seite berechnen*

$\gamma = 180° - \alpha - (180 - \beta);\ \gamma = 40°$

$\frac{w}{v} = \frac{\sin \alpha}{\sin \gamma}$

$w = v \cdot \frac{\sin \alpha}{\sin \gamma}$ [TR] $680 \cdot \frac{\sin 5°}{\sin 40°}$

w ≈ 92,2 km/h

(4) *Die Windgeschwindigkeit beträgt 92,2 km/h.*

Ein Flugzeug fliegt mit einer Eigengeschwindigkeit v = 580 km/h Kurs NO. Es wird durch einen Wind aus N um 3° abgetrieben. Berechne die Windgeschwindigkeit w.

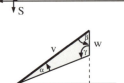

(1) – Skizze des Dreiecks anlegen,
– gegebene Größen kennzeichnen

(2) Aufgabentyp bestimmen   W-S-W

(3) Lösungsweg festlegen, berechnen

$\gamma = 180° - \alpha - \beta$ [TR] $180° - 3° - 45°$
$\gamma = 132°$

$\frac{w}{v} = \frac{\sin \alpha}{\sin \gamma}$

$w = v \cdot \frac{\sin \alpha}{\sin \gamma}$ [TR] $580 \cdot \frac{\sin 3°}{\sin 132°}$

$w \approx 40{,}8\ \frac{km}{h}$

(4) Antworten notieren   Die Windgeschwindigkeit beträgt 40,8 km/h.

---

2 In einer Fernsehbildröhre wird der Elektronenstrahl in horizontaler Richtung um 98° ausgelenkt. Die Bildbreite ist 585 mm. Bestimme den Abstand h der Ablenkspule vom Bildschirm.

(1)

(2) *rechtwinkliges Dreieck; Tangens*

(3) $\tan \alpha = \frac{a}{h}$

$h = \frac{a}{\tan \alpha}$ [TR] $\frac{292{,}5}{\tan 49°}$

h ≈ 254,3 mm

(4) *Der Abstand h beträgt 254,3 mm.*

---

3 Ein Fass wird eine Rampe (Neigungswinkel α) hinaufgerollt. Die Gewichtskraft G wird in die Rollkraft R (parallel zur Rampe) und in die Druckkraft D (senkrecht zur Rampe) zerlegt.
α = 20°, G = 600 N.
Berechne die Rollkraft R.

(1)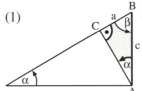

(2) *rechtwinkliges Dreieck; Sinus*

α = 20°; c = 600 N; gesucht: a

(3) $\sin \alpha = \frac{a}{c}$

$a = c \cdot \sin \alpha$ [TR] $600 \cdot \sin 20°$

a ≈ 205 N

(4) *Die Rollkraft beträgt 205 N.*

Windrose

zu 3

1 N (Newton) Einheit der Gewichtskraft

1.1 Ein Flugzeug fliegt mit einer Eigengeschwindigkeit v = 670 km/h Kurs NW. Es wird durch einen Wind aus W um 2° abgetrieben. Berechne die Windgeschwindigkeit.

3.1 Ein Fass (G = 600 N) soll eine Rampe hochgerollt werden. Die Rollkraft R soll höchstens 100 N betragen. Welchen Neigungswinkel darf die Rampe höchstens haben?

48

		☾	
1	Ergänze den Sinussatz. $\frac{a}{c} = \frac{\sin \alpha}{\sin \gamma}$	Ergänze den Sinussatz. $\frac{c}{b} = \frac{\sin \gamma}{\sin \beta}$	Ergänze den Sinussatz. $\frac{w}{u} = \frac{\sin \beta}{\sin \gamma}$
2	Ergänze den Kosinussatz.  $a^2 = b^2 + c^2 - 2bc \cdot \cos \alpha$	Ergänze den Kosinussatz.  $c^2 = a^2 + b^2 - 2ab \cdot \cos \gamma$	Ergänze den Kosinussatz. 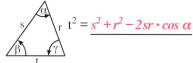 $t^2 = s^2 + r^2 - 2sr \cdot \cos \alpha$
3	Im Dreieck ABC sind S-S-W gegeben. a = 8 cm; b = 6 cm; $\alpha = 50°$ Berechne β mit dem Sinussatz. $\frac{b}{a} = \frac{\sin \beta}{\sin \alpha}$ $\sin \beta = \frac{b}{a} \cdot \sin \alpha$ TR $\frac{6}{8} \cdot \sin 50°$; $\beta \approx 35{,}1°$	Im Dreieck ABC sind S-S-W gegeben. b = 12,2 cm; c = 15,5 cm; $\beta = 37{,}5°$ Berechne γ mit dem Sinussatz. $\sin \gamma = \frac{c}{b} \cdot \sin \beta$ TR $\frac{15{,}5}{12{,}2} \cdot \sin 37{,}5°$; $\gamma \approx 50{,}7°$	Berechne den Winkel γ. 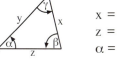 x = 825 m; z = 636 m; $\alpha = 39°$ $\sin \gamma = \frac{z}{x} \cdot \sin \alpha$ TR $\frac{636}{825} \cdot \sin 39°$; $\gamma \approx 29{,}0°$
4	Im Dreieck ABC sind W-S-W gegeben. a = 12 cm; $\beta = 34°$; $\gamma = 69°$ Berechne b mit dem Sinussatz. (Zunächst α berechnen!) $\alpha = 77{,}0°$ $b \approx 6{,}9 \text{ cm}$	Im Dreieck ABC sind W-S-W gegeben. b = 9,4 cm; $\alpha = 47{,}5°$; $\gamma = 58{,}0°$ Berechne c mit dem Sinussatz. $\beta = 74{,}5°$ $c \approx 8{,}3 \text{ cm}$	Berechne die Seite f. e = 942 m; $\alpha = 67°$; $\beta = 62°$ $\gamma = 51{,}0°$ $f \approx 1116 \text{ m}$
5	Im Dreieck ABC sind S-W-S gegeben. b = 7 cm; c = 10 cm; $\alpha = 35°$ Berechne a mit dem Kosinussatz. $a \approx 5{,}9 \text{ cm}$	Im Dreieck ABC sind S-W-S gegeben. a = 8,6 cm; c = 6,8 cm; $\beta = 75{,}0°$ Berechne b mit dem Kosinussatz. $b \approx 9{,}5 \text{ cm}$	Berechne die Seite t. r = 8,30 m; s = 7,25 m; $\gamma = 52°$ $t \approx 6{,}88 \text{ m}$
6	Im Dreieck ABC sind S-S-S gegeben. a = 10 cm; b = 8 cm; c = 6 cm Berechne α mit dem Kosinussatz. $\alpha \approx 90°$	Im Dreieck ABC sind alle drei Seiten gegeben. a = 17,2 cm; b = 9,8 cm; c = 15,6 cm Berechne den Winkel γ. $\gamma \approx 63{,}9°$	Berechne den Winkel α. m = 3,66 m; n = 4,29 m; o = 5,23 m $\alpha \approx 54{,}3°$
	Bronze: ☆☆☆☆☆	Silber: ☾☾☾☆☆	Gold: 

49

7 Mit Formeln rechnen

1 Formeln aufstellen

1 Stelle die Zinsformel aus dem Diagramm für die Tageszinsen auf.

Diagramm $K \xrightarrow{\cdot p\%} Z \xrightarrow{\cdot \frac{t}{360}} Z_t$

$K \cdot p\% \cdot \frac{t}{360} = Z_t$

$Z_t = K \cdot p\% \cdot \frac{t}{360}$

$Z_t = K \cdot \frac{p}{100} \cdot \frac{t}{360}$

$Z_t = \frac{K \cdot p \cdot t}{36\,000}$

Formeln aufstellen

Operatordiagramm zur Prozentrechnung

$G \xrightarrow{\cdot p\%} P$

Formel aufstellen und umstellen

$G \cdot p\% = P$
$P = G \cdot p\%$
$P = G \cdot \frac{p}{100}$

---

2 Aus Fig. 1 ergibt sich die Formel $V = \frac{T}{s} \cdot 100$ für die Berechnung des Kraftstoffverbrauchs auf 100 km. Stelle eine Formel zur Berechnung des Nettoverbrauchspreises N auf, die sich aus Fig. 2 ergibt.

$n \cdot P + G = N$

$N = n \cdot P + G$

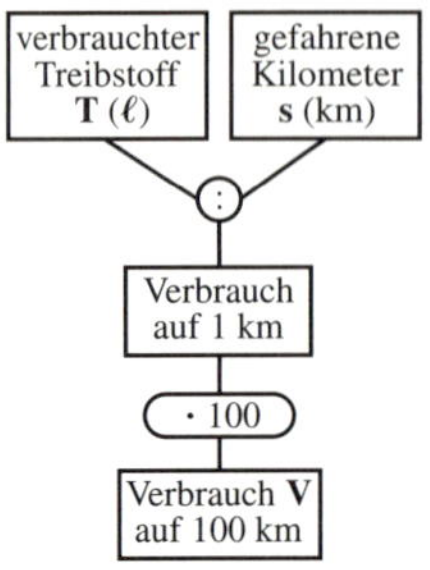

Fig. 1

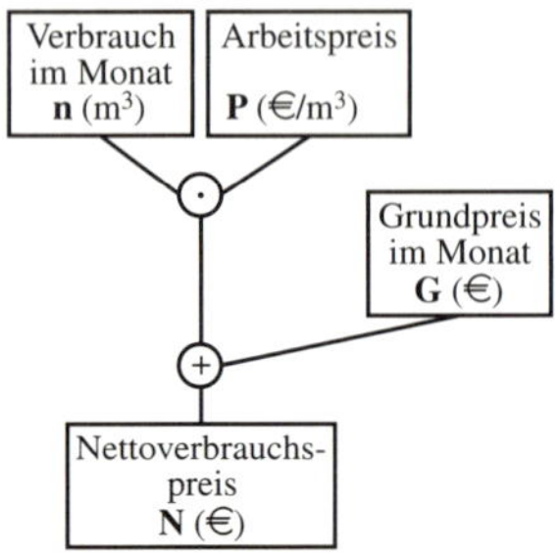

Fig. 2

Prozentrechnung

$1\% = \frac{1}{100}$

G Grundwert
P Prozentwert
p% Prozentsatz

Zinsrechnung

$1\% = \frac{1}{100}$

K Kapital
   (Grundwert)
Z Zinsen
   in einem Jahr
   (Prozentwert)
Z_t Zinsen für t Tage
p% Zinssatz
   (Prozentsatz)

---

3 a) Stelle eine Formel für die Berechnung der Länge l der Mauer in Fig. 3 auf.

$l = 5(b + f) + b$

$l = 6b + 5f$

b) Verändere die Formel so, dass sie für eine beliebige Anzahl Steine (n) gilt.

$l = n \cdot b + (n - 1) \cdot f$

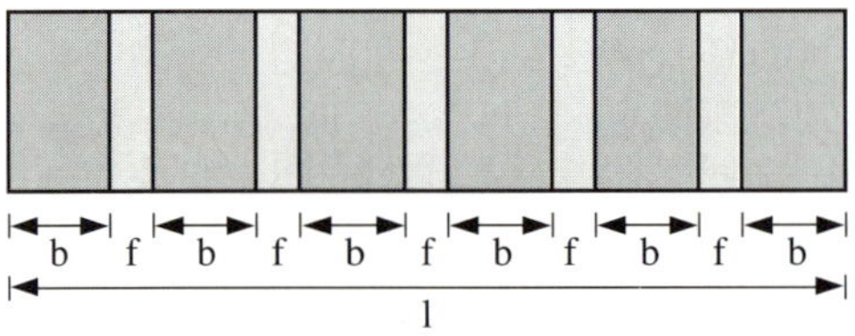

b Breite des Steins
f Breite der Fuge
l Länge der Mauer

Fig. 3

zu 1.1

Maßstab m

$1 : 50 = \frac{1}{50}$
$1 : 100000 = \frac{1}{100\,000}$

1.1 a) Stelle eine Formel zur Maßstabsberechnung von l_z auf.

$l_w \xrightarrow{\cdot m} l_z$
l_w wirkliche Länge
l_z Länge in der Zeichnung
m   Maßstab

b) Berechne l_z für $l_w = 250$ cm und $m = \frac{1}{50}$.

2.1 a) Stelle die Formel zur Berechnung des Flächeninhaltes A des Trapezes auf, die sich aus Fig. 4 ergibt.

b) Berechne den Flächeninhalt A für $p_1 = 9$ cm, $p_2 = 21$ cm, h = 7 cm.

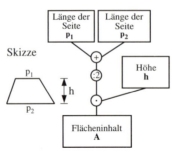

Fig. 4

3.1 a) Stelle eine Formel zur Berechnung des Flächeninhaltes A der grauen Fläche auf (Fig. 5).

b) Berechne den Flächeninhalt A für a = 7 cm, b = 10 cm, c = 1 cm, d = 5 cm, e = 4 cm.

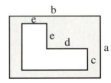

Fig. 5

50

Mit Formeln rechnen

2 Formeln umformen

1 Forme die Flächeninhaltsformel für das Trapez nach a um.

(1) $\quad A = \frac{a+c}{2} \cdot h \qquad\qquad |:h$

(2) $\quad \frac{A}{h} = \frac{a+c}{2} \qquad\qquad |\cdot 2$

$\quad\quad \frac{2 \cdot A}{h} = a + c \qquad\qquad |-c$

$\quad\quad \frac{2 \cdot A}{h} - c = a \qquad\qquad |\circlearrowleft$

$\quad\quad a = \frac{2 \cdot A}{h} - c$

Formeln umformen	Forme die Flächeninhaltsformel für das Trapez nach c um.
(1) Grundformel notieren	$A = \frac{a+c}{2} \cdot h \quad |:h$
(2) Formel nach der zu berechnenden Größe umformen	$\frac{A}{h} = \frac{a+c}{2} \quad |\cdot 2$
	$\frac{2 \cdot A}{h} = a + c \quad |-a$
	$\frac{2 \cdot A}{h} - a = c \quad |\circlearrowleft$
	$c = \frac{2 \cdot A}{h} - a$

2 Suche die Umfangsformel für das Rechteck in der Formelsammlung. Forme die Formel nach b um.

(1) $\quad u = 2(a+b) \qquad\qquad |:2$

(2) $\quad \frac{u}{2} = a + b \qquad\qquad |-a$

$\quad\quad \frac{u}{2} - a = b \qquad\qquad |\circlearrowleft$

$\quad\quad b = \frac{u}{2} - a$

3 Suche die Flächeninhaltsformel für das Dreieck in der Formelsammlung. Forme die Formel nach der Grundseite g um.

(1) $\quad A = \frac{g \cdot h}{2} \qquad\qquad |\cdot 2$

(2) $\quad 2 \cdot A = g \cdot h \qquad\qquad |:h$

$\quad\quad \frac{2 \cdot A}{h} = g \qquad\qquad |\circlearrowleft$

$\quad\quad g = \frac{2 \cdot A}{h}$

Das **Umformen** von **Formeln** ist wichtig, wenn z. B. eine Reihe gleichartiger Aufgaben gelöst werden muss.

Nach dem Umformen sollte die zu berechnende Größe links stehen.

4 Beim freien Fall gilt für den zurückgelegten Weg s die Beziehung $s = \frac{1}{2} \cdot g \cdot t^2$. Forme nach der Zeit t um.

(1) $\quad s = \frac{1}{2} \cdot g \cdot t^2 \qquad\qquad |\cdot 2$

(2) $\quad 2 \cdot s = g \cdot t^2 \qquad\qquad |:g$

$\quad\quad \frac{2 \cdot s}{g} = t^2 \qquad\qquad |\sqrt{}$

$\quad\quad \sqrt{\frac{2 \cdot s}{g}} = t \qquad\qquad |\circlearrowleft$

$\quad\quad t = \sqrt{\frac{2 \cdot s}{g}}$

5 Beim freien Fall gilt für die Geschwindigkeit v die Beziehung $v = \sqrt{2 \cdot g \cdot h}$. Forme die Formel nach der Höhe h um.

(1) $\quad v = \sqrt{2 \cdot g \cdot h} \qquad\qquad |(\ )^2$

(2) $\quad v^2 = 2 \cdot g \cdot h \qquad\qquad |:2$

$\quad\quad \frac{v^2}{2} = g \cdot h \qquad\qquad |:g$

$\quad\quad \frac{v^2}{2 \cdot g} = h \qquad\qquad |\circlearrowleft$

$\quad\quad h = \frac{v^2}{2 \cdot g}$

zu 4

$\frac{2 \cdot s}{g} = t^2 \quad |\sqrt{}$

g Erdbeschleunigung
$g \approx 9{,}81 \text{ m/s}^2$

zu 5

$v = \sqrt{2 \cdot g \cdot h} \quad |(\ )^2$
$v^2 = 2 \cdot g \cdot h$

1.1 Forme die Flächeninhaltsformel für das Trapez nach h um.

1.2 Die Formel für den Rauminhalt V eines Prismas, dessen Grundfläche ein Trapez ist, ist $V = \frac{a+c}{2} \cdot h \cdot k$. Forme die Formel nach allen auftretenden Variablen um.

2.1 Die Gesamtlänge ℓ der Kanten eines Quaders mit den Kantenlängen a, b und c kann mit der Formel $\ell = 4a + 4b + 4c$ berechnet werden. Forme die Formel nach allen auftretenden Variablen um.

2.2 Die vier Seitenflächen M eines Prismas lassen sich mit der Formel $M = 2 \cdot c(a+b)$ berechnen. Forme die Formel nach den auftretenden Variablen um.

3.1 Forme die Flächeninhaltsformel für das Dreieck nach der Höhe h um.

3.2 Für den Oberflächeninhalt O eines Prismas, dessen Grundfläche ein rechtwinkliges Dreieck ist, gilt $O = a \cdot b + k(a+b+c)$. Forme nach der Körperhöhe k um.

3.3 Forme die Rauminhaltsformel der Pyramide nach allen auftretenden Variablen um.

4.1 a) Forme die Formel des Oberflächeninhaltes des Würfels nach allen auftretenden Variablen um.
b) Forme die Formel des Flächeninhaltes für den Kreis nach allen auftretenden Variablen um.

51

Mit Formeln rechnen

3 Formeln in der Zinsrechnung anwenden

1 Forme die Grundformel nach p um. Berechne p% für K = 1800 €, t = 150 d und Z_t = 37,50 €.

(1) $Z_t = \frac{K \cdot p \cdot t}{100 \cdot 360}$ | · 100

(2) $Z_t \cdot 100 = \frac{K \cdot p \cdot t}{360}$ | · 360

$Z_t \cdot 100 \cdot 360 = K \cdot p \cdot t$ | : K

$\frac{Z_t \cdot 100 \cdot 360}{K} = p \cdot t$ | : t

$\frac{Z_t \cdot 100 \cdot 360}{K \cdot t} = p$ | ↻

$p = \frac{Z_t \cdot 100 \cdot 360}{K \cdot t}$

(3) (4) [TR] $\frac{37,50 \cdot 100 \cdot 360}{1800 \cdot 150}$ **p% = 5%**

Formeln in der Zinsrechnung anwenden	Berechne das Kapital K. Gegeben: Z_t = 425 €, t = 68 d, p% = 9%
(1) Grundformel notieren	$Z_t = \frac{K \cdot p \cdot t}{100 \cdot 360}$ | · 100
(2) Formel nach der zu berechnenden Größe umformen	$Z_t \cdot 100 = K \cdot p \frac{t}{360}$ | · 360 $Z_t \cdot 100 \cdot 360 = K \cdot p \cdot t$ | :(p·t) $\frac{Z_t \cdot 100 \cdot 360}{p \cdot t} = K$ | ↻ $K = \frac{Z_t \cdot 100 \cdot 360}{p \cdot t}$
(3) Werte einsetzen und berechnen	[TR] $\frac{425 \cdot 100 \cdot 360}{9 \cdot 68}$
(4) Ergebnis notieren	K = 25 000 €

2 Forme die Grundformel nach t um.

(1) $Z_t = \frac{K \cdot p \cdot t}{100 \cdot 360}$ | · 100

(2) $Z_t \cdot 100 = \frac{K \cdot p \cdot t}{360}$ | · 360

$Z_t \cdot 100 \cdot 360 = K \cdot p \cdot t$ | :(K · p)

$\frac{Z_t \cdot 100 \cdot 360}{K \cdot p} = t$ | ↻

$t = \frac{Z_t \cdot 100 \cdot 360}{K \cdot p}$

3 Mit der Formel $K_n = K_0 \cdot (1 + \frac{p}{100})^n$ kann man berechnen, auf welches Kapital K_n ein Anfangskapital K_0 bei einem Zinssatz von p% in n Jahren wächst. Berechne K_n für K_0 = 20 000 €, p% = 7% und n = 10 Jahre.

(1) $K_n = K_0 \cdot (1 + \frac{p}{100})^n$

(3) [TR] $20\,000 \cdot (1 + \frac{7}{100})^{10}$

(4) $K_n \approx 39\,343$ €

p% = 3%
p = 3

Zinsrechnung
K	Kapital
p%	Zinssatz
t	Zeit in Zinstagen
Z_t	Zinsen nach t Zinstagen

Zinseszinsrechnung
K_0	Anfangskapital
n	Anzahl der Zinsjahre
K_n	Kapital nach n Jahren
$(1 + \frac{p}{100})$	Zinsfaktor

4 Berechne mit der passenden Formel.

	a)	b)	c)	d)	e)	f)	g)	h)	i)
K (€)	1500	2100	**48 000**	**150**	270	1700	1400	1350	1260
p%	6%	7%	8%	12%	**11%**	**9%**	9%	7,5%	3,5%
t (d)	68	210	240	200	320	146	**220**	**312**	**144**
Z_t (€)	**17,00**	**85,75**	2560	10	26,40	62,05	77	87,75	17,64

1.1	a)	b)	c)	d)	e)	f)
K (€)	50 000	25 000	2500	3000	6300	150
Z_t (€)	850,00	425,00	26	50,00	472,50	0,05
t (d)	68	136	30	120	300	1

1.2	a)	b)	c)	d)	e)	f)
K (€)	2500	12 000	7000	12 500	850	1500
p%	8%	6%	3%	14%	18%	2%
t (d)	168	250	120	210	7	3

2.1	a)	b)	c)	d)	e)	f)
K (€)	25 000	3000	1000	2400	1700	2900
Z_t (€)	212,50	50,00	25,00	70,00	68,00	17,40
p%	9%	5%	15%	3,5%	6%	3%

2.2	a)	b)	c)	d)	e)	f)
Z_t (€)	850,00	1700,00	230,00	212,50	28,00	112,00
p%	9%	4,5%	5%	9%	4%	16%
t (d)	68	136	310	272	168	84

3.1 Berechne K_n für K_0 = 35 000 €, p% = 9% und n = 5 Jahre.

Mit Formeln rechnen

4 Formeln bei Flächeninhalten anwenden

1 Berechne die Grundseite g eines Dreiecks mit dem Flächeninhalt A = 16,77 cm² und der Höhe h = 4,3 cm.

(1) $A = \frac{g \cdot h}{2}$

(2) $A = \frac{g \cdot h}{2}$ $| \cdot 2$

$2 \cdot A = g \cdot h$ $| : h$

$\frac{2 \cdot A}{h} = g$ $| \circlearrowright$

(3) [TR] $\frac{2 \cdot 16,77}{4,3} = 7,8$

(4) $g = 7,8 \text{ cm}$

Formeln bei Flächeninhalten anwenden	Berechne die Höhe h des Dreiecks. Gegeben: A= 13,44 cm²; g = 8,4 cm
(1) Grundformel notieren	$A = \frac{g \cdot h}{2}$ $| \cdot 2$
(2) Formel nach der zu berechnenden Größe umformen	$2 \cdot A = g \cdot h$ $| : g$ $\frac{2 \cdot A}{g} = h$ $| \circlearrowright$ $h = \frac{2 \cdot A}{g}$
(3) Werte einsetzen und berechnen	[TR] $\frac{2 \cdot 13,44}{8,4}$
(4) Ergebnis notieren	$h = 3,2 \text{ cm}$

📖 Trapez Kreisausschnitt

2 Berechne die Seite a des Trapezes mit dem Flächeninhalt A = 21,00 cm², der Höhe h = 3,5 cm und der Seite c = 3,2 cm.

(1) $A = \frac{a + c}{2} \cdot h$ $| : h$

(2) $\frac{A}{h} = \frac{a + c}{2}$ $| \cdot 2$

$\frac{2 \cdot A}{h} = a + c$ $| - c$

$\frac{2 \cdot A}{h} - c = a$ $| \circlearrowright$

$a = \frac{2 \cdot A}{h} - c$

(3) [TR] $\frac{2 \cdot 21,00}{3,5} - 3,2 = 8,8$

(4) $a = 8,8 \text{ cm}$

3 Berechne den Winkel α des Kreisausschnitts mit dem Flächeninhalt A = 13,08 cm² und dem Radius r = 5 cm.

(1) $A = \frac{\alpha}{360°} \cdot \pi \cdot r^2$ $| : r^2$

(2) $\frac{A}{r^2} = \frac{\alpha}{360°} \cdot \pi$ $| : \pi$

$\frac{A}{r^2 \cdot \pi} = \frac{\alpha}{360°}$ $| \cdot 360°$

$\frac{A \cdot 360°}{r^2 \cdot \pi} = \alpha$ $| \circlearrowright$

$\alpha = \frac{A \cdot 360°}{r^2 \cdot \pi}$

(3) [TR] $\frac{13,08 \cdot 360°}{5^2 \cdot \pi} = 59,954...°$

(4) $\alpha \approx 60°$

7,8; 8,8; 60   ✓ zu 1 bis 3

1.1 Berechne den Flächeninhalt A des Dreiecks.

	a)	b)	c)	d)	e)	f)
g (cm)	10	5	2	8,3	8,3	8,3
h (cm)	8	8	8	3	6	12

1.2 Berechne die übrige Größe des Dreiecks.

	a)	b)	c)	d)	e)	f)
A (cm²)			11,73	7,56	7,56	7,56
g (cm)	2,5	2,3			10,8	2,7
h (cm)	3,4	6,8	10,2	2,8		

2.1 Berechne die übrige Größe des Trapezes.

	a)	b)	c)	d)	e)	f)
A (cm²)	21,0	25,6			35,9	8,25
a (cm)			4,2	14,2	1,08	1,8
c (cm)	3,2	4,0	3,6	18,6		
h (cm)	3,5	3,2	4,5	1,6	5,0	2,0

3.1 Berechne die übrige Größe des Kreises.

	a)	b)	c)	d)	e)	f)
A (cm²)				1256	1962,5	2826
r (cm)	5,0	10,0	15,0			

4 Berechne die übrige Größe des Parallelogramms.

	a)	b)	c)	d)	e)	f)
A (cm²)			34,56	17,28	8,64	6,56
g (cm)	2,4	12,0			1,8	0,8
h (cm)	6,8	1,36	4,8	4,8		

5 Der Flächeninhalt einer zusammengesetzten Fläche errechnet sich nach A = 1,5 · a · b. Berechne.

	a)	b)	c)	d)	e)	f)
A			53,07 m²	93,75 m²	82,65 cm²	22,08 km²
a	3,9 dm	2,5 m			5,8 cm	6,4 km
b	2,8 dm	3,2 m	5,8 m	12,5 m		

53

Mit Formeln rechnen

5 Formeln bei Flächensätzen anwenden

1 Forme die Grundformel für den Kathetensatz nach c um.

(1) $b^2 = c \cdot q$

(2) $c = \frac{b^2}{q}$

2 Forme die Grundformel für den Höhensatz nach p um.

(1) $h^2 = p \cdot q$

(2) $p = \frac{h^2}{q}$

Formeln bei Flächensätzen anwenden

Berechne den Hypotenusenabschnitt q des rechtwinkligen Dreiecks.
Gegeben: Hypotenuse c = 12 cm; Kathete b = 6 cm

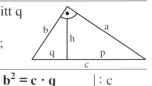

(1) Grundformel notieren $b^2 = c \cdot q$ | : c
(2) Formel nach der zu berechnenden Größe umformen $\frac{b^2}{c} = q$ | ↻
  $q = \frac{b^2}{c}$
(3) Werte einsetzen und berechnen $\frac{6^2}{12}$
(4) Ergebnis notieren. q = 3 cm

3 Berechne die übrige Größe des rechtwinkligen Dreiecks mithilfe der Formeln für den Kathetensatz. Runde auf eine Stelle nach dem Komma.

	a)	b)	c)	d)	e)	f)	g)	h)	i)
a	24 cm	15 cm	28 m	72 mm	162 m	96 km	*1026,4 m*	*420,0 km*	*5,4 m*
p	8 cm	9 cm	14 m	*48,0 mm*	*81,0 m*	*72,0 km*	108 m	350 km	1,2 m
c	*72,0 cm*	*25 cm*	*56 m*	108 mm	324 m	128 km	9755 m	504 km	24,3 m

Kathetensatz
Höhensatz
Satz des Pythagoras

4 Berechne die übrige Größe des rechtwinkligen Dreiecks mithilfe der Formeln für den Höhensatz. Runde auf eine Stelle nach dem Komma.

	a)	b)	c)	d)	e)	f)	g)	h)	i)
h	12 cm	18 cm	28 m	36 mm	54 m	96 km	*80,5 m*	*420,0 km*	*5,4 m*
p	4 cm	12 cm	7 m	*48,0 mm*	*81,0 m*	*64,0 km*	108 m	84 km	8,1 m
q	*36,0 cm*	*27,0 cm*	*112,0 m*	27 mm	36 m	144 km	60 m	2100 km	3,6 m

5 a) Forme die Grundformel für den Satz des Pythagoras nach a um.

(1) $a^2 + b^2 = c^2$

(2) $a^2 = c^2 - b^2 \qquad a = \sqrt{c^2 - b^2}$

b) Berechne a. Gegeben: c = 7,8 cm, b = 4,8 cm.

(3) [TR] $\sqrt{7,8^2 - 4,8^2}$

(4) $a \approx 6,1$ cm

✓ zu 3 bis 5:

5,4; 5,4; 6,1; 25; 27; 36; 48; 48; 56; 64; 72; 72; 80,5; 81; 81; 112; 420; 420; 1026,4

3.1	a)	b)	c)	d)	e)	f)
a (cm)	6,2	6,4	6,0	23,0		
p (cm)	1,0	4,0			2,0	4,0
c (cm)			8,0	28,0	10,0	9,0

4.1	a)	b)	c)	d)	e)	f)
h (cm)	3,2	8,4	9,2	36,0		
p (cm)	4,0	3,0			3,2	6,4
q (cm)			6,0	23,0	9,0	3,8

5.1 a) Forme die Formel für den Satz des Pythagoras nach b um.
b) Forme die Formel für den Satz des Pythagoras nach c um.

5.2 Berechne die übrige Seite des rechtwinkligen Dreiecks.

	a)	b)	c)	d)	e)	f)
a (cm)	3,5	9,2	4,0	9,0		
b (cm)	6,3	6,8			4,0	5,2
c (cm)			9,5	65,0	5,0	13,4

Mit Formeln rechnen

6 Formeln zusammensetzen und vereinfachen

1 Bestimme die Formel zur Berechnung des Volumens (Fig. 1).

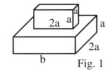
Fig. 1

(1) $V_1 = \underline{b \cdot 2a \cdot a}$ $V_2 = \underline{2a \cdot a \cdot a}$

(2) $V_{ges} = V_1 + V_2$

$V_{ges} = b \cdot 2a \cdot a + 2a \cdot a \cdot a$

(3) $V_{ges} = b \cdot 2a^2 + 2a^3$

$V_{ges} = 2a^2(b + a)$

Bestimme die Formel zur Berechnung der grauen Fläche A_S.

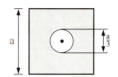

(1) Einzelformeln notieren

$A_{Qu} = a^2$ $A_{Kr} = (\frac{a}{6})^2 \cdot \pi$

$A_S = A_{Qu} - A_{Kr}$

(2) Einzelformeln zusammensetzen

$A_S = a^2 - (\frac{a}{6})^2 \cdot \pi$

$A_S = a^2 - \frac{a^2}{36} \cdot \pi$

(3) Vereinfachen

$A_S = a^2(1 - \frac{1}{36}\pi)$

---

2 a) Bestimme jeweils die Formel für die graue Fläche in Fig. 2 und Fig. 3.

(1) $A_{Qu} = a^2$

$A_{Kr} = (\frac{a}{2})^2 \cdot \pi$

(2) $A_S = A_{Qu} - A_{Kr}$

Fig. 2

(3) $A_S = a^2 - (\frac{a}{2})^2 \cdot \pi$

$A_S = a^2 - \frac{a^2}{4} \cdot \pi$

$A_S = a^2(1 - \frac{1}{4}\pi)$

(1) $A_{Qu} = a^2$

$A_{Kr} = (\frac{a}{4})^2 \cdot \pi \cdot 4$

(2) $A_S = A_{Qu} - A_{Kr}$

Fig. 3

(3) $A_S = a^2 - (\frac{a}{4})^2 \cdot \pi \cdot 4$

$A_S = a^2 - \frac{a^2}{16} \cdot \pi \cdot 4$

$A_S = a^2(1 - \frac{1}{4}\pi)$

Kreis

Methoden beim Vereinfachen
– ordnen
– zusammenfassen
– faktorisieren (ausklammern)

b) Die graue Fläche der Fig. 2 und Fig. 3 bleibt beim Ausstanzen der Kreise als Verschnitt übrig. In welchem Fall ist der Verschnitt größer?

Er ist in beiden Fällen gleich.

3 a) Forme die Formel für die Dichte ρ eines Körpers nach m um.

b) Bestimme eine Formel zur Berechnung der Masse m einer Glasscheibe, setze dazu die Volumenformel des Quaders in die Formel aus a) ein.

a) $\rho = \frac{m}{V}$; $m = V \cdot \rho$

b) $m = a \cdot b \cdot c \cdot \rho$

zu 3
Dichte ρ eines Körpers
$\rho = \frac{m}{V}$
m = Masse
V = Volumen

1.1 Bestimme eine Formel für den Oberflächeninhalt O der Pyramide in Fig. 4.

1.2 Bestimme eine Formel für das Volumen V des Körpers in Fig. 5.

2.1 Bestimme jeweils eine Formel für die graue Fläche in Fig. 6 und Fig. 7. Welche der beiden Flächen ist größer?

3.1 a) Bestimme eine Formel zur Berechnung der Masse m einer Bleikugel mit dem Radius r.
b) Bestimme m für r = 2 cm, r = 4 cm, r = 8 cm, ρ = 11,3 g/cm³.

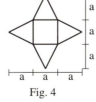
Fig. 4

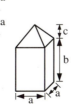
Fig. 5

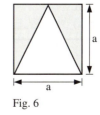
Fig. 6

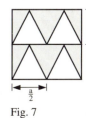
Fig. 7

Mit Formeln rechnen

7 Formeln bei Rauminhalten anwenden

1 Berechne die Grundfläche G einer Pyramide mit dem Rauminhalt $V = 246{,}5$ cm^3 und der Körperhöhe $k = 8{,}5$ cm.

(1) $V = \frac{1}{3} \cdot G \cdot k$ | $\cdot 3$

(2) $3 \cdot V = G \cdot k$ | $: k$

$\frac{3 \cdot V}{k} = G$ | $\circlearrowleft$

$G = \frac{3 \cdot V}{k}$

(3) [TR] $\frac{3 \cdot 246{,}5}{8{,}5}$

(4) $G = 87{,}0$ cm^2

Formeln bei Rauminhalten anwenden

Berechne die Körperhöhe k der Pyramide.

Gegeben: Grundfläche $G = 125$ cm^2;
Volumen $V = 250$ cm^3

(1) Grundformel notieren $V = \frac{1}{3} \cdot G \cdot k$ | $\cdot 3$

(2) Formel nach der zu berechnenden Größe umformen $3 \cdot V = G \cdot k$ | $: G$

$\frac{3 \cdot V}{G} = k$ | $\circlearrowleft$

$k = \frac{3 \cdot V}{G}$

(3) Werte einsetzen und berechnen   [TR] $\frac{3 \cdot 250}{125}$

(4) Ergebnis notieren $k = 6$ cm

---

2 Berechne die Körperhöhe k eines Kegels mit $V = 9{,}425$ cm^3 und $r = 4$ cm.

(1) $V = \frac{1}{3} \cdot G \cdot k$

(2) $V = \frac{1}{3} \cdot \pi \cdot r^2 \cdot k$ | $\cdot 3$

$3 \cdot V = \pi r^2 \cdot k$ | $: \pi r^2$

$\frac{3 \cdot V}{\pi \cdot r^2} = k$ | $\circlearrowleft$

$k = \frac{3 \cdot V}{\pi \cdot r^2}$

(3) [TR] $\frac{3 \cdot 9{,}425}{\pi \cdot 4^2}$

(4) $k \approx 0{,}6$ cm

---

3 Berechne das Volumen des Mülleimers aus Fig. 1 für $r = 4$ dm und $k_Z = 5$ dm. Stelle zuerst eine Formel auf.

Fig. 1

(1) $V_Z = \pi \cdot r^2 \cdot k_Z$ $V_K = \frac{2}{3} \cdot \pi \cdot r^3$

(2) $V_{ges} = V_Z + V_K$

$V_{ges} = \pi \cdot r^2 \cdot k_Z + \frac{2}{3} \cdot \pi \cdot r^3$

$= \pi \cdot r^2 \cdot (k_Z + \frac{2}{3} \cdot r)$

(3) [TR] $\pi \cdot 4^2 (5 + \frac{2}{3} \cdot 4)$

(4) $V_{ges} \approx 385$ dm^3

 Volumen gleich Rauminhalt

 Formeln kombinieren
$G = a \cdot b$
eingesetzt in
$V = \frac{1}{3} \cdot G \cdot k$ ergibt
$V = \frac{1}{3} \cdot a \cdot b \cdot k$
Faktorisieren
$\pi \cdot r^2 \cdot k_Z + \frac{2}{3} \cdot \pi \cdot r^3$
$= \pi \cdot r^2 (k_Z + \frac{2}{3} \cdot r)$

 Prisma Pyramide

1.1 Berechne die übrige Größe für ein Prisma mit rechteckiger Grundfläche (Kanten a und b) und der Höhe k.

	a)	b)	c)	d)	e)	f)
a (m)	3,2	3,6	6,0	7,3		
b (m)	5,0	9,2			3,0	6,0
k (m)			3,0	15,0	5,1	0,5
V (m^3)	67,20	347,76	75,60	667,95	189,72	15,00

1.2 Berechne die übrige Größe für eine Pyramide. Die Grundfläche ist ein Quadrat mit der Seitenlänge a, die Höhe der Pyramide ist k.

	a)	b)	c)	d)	e)	f)
a (m)	5,0	3,0	3,2	7,3		
k (m)	6,0	4,0			18,2	5,0
V (m^3)			2,7	6,3	10,91	20,09

2.1 Berechne die übrige Größe für einen Kegel. Die Grundfläche hat den Radius r, die Höhe ist k.

	a)	b)	c)	d)	e)	f)
r (m)	3,0	3,4	0,8	5,3		
k (m)	4,0	2,9			13,2	9,2
V (m^3)			1,74	447,12	481,18	65,13

3.1 Berechne das Volumen des Körpers aus Fig. 1.

	a)	b)	c)	d)	e)	f)
r (cm)	5,1	3,1	6,2	2,1	8,6	9,4
k_Z (cm)	15,1	9,5	12,7	5,3	16,5	19,5

4 Ein Körper ist aus einem Zylinder und einem Kegel zusammengesetzt. Der Radius ist für beide r, der Zylinder hat die Höhe k_Z, der Kegel die Höhe k_K.
Bestimme V für $r = 4$ m; $k_Z = 9$ m; $k_K = 5{,}2$ m.

DIPLOM

	☆	☾	☀
1	Stelle die Formel aus dem Diagramm auf. Weg (s) — Zeit (t) : Geschwindigkeit (v) $v = \frac{s}{t}$	Stelle die Formel aus dem Diagramm auf. 1. Seitenlänge (a) — 2. Seitenlänge (b) + ·2 Umfang (u) $u = (a + b) \cdot 2$	Stelle die Formel aus dem Diagramm auf. Flächeninhalt einer Seite (A) — Grundfläche (G) ·3 ·2 + ·2 Oberflächeninhalt (O) $O = (A \cdot 3 + G \cdot 2) \cdot 2$
2	Die Formel zur Berechnung des Umfangs eines Kreises ist $u = 2 \cdot \pi \cdot r$. Forme die Formel nach r um. $r = \frac{u}{2 \cdot \pi}$	Beim lotrechten Wurf gilt die Beziehung $h = \frac{v_0 + v_t}{2} \cdot t$. Forme die Formel nach t um. $t = \frac{2 \cdot h}{v_0 + v_t}$	Beim lotrechten Wurf gilt die Beziehung $h = \frac{v_0 + v_t}{2} \cdot t$. Forme die Formel nach v_t um. $v_t = \frac{2 \cdot h}{t} - v_0$
3	$Z_t = \frac{K \cdot p \cdot t}{100 \cdot 360}$ Berechne die Zinsen Z_t für K = 1250 €, p% = 7,75% und t = 180 d. TR $\frac{1250 \cdot 7,75 \cdot 180}{100 \cdot 360}$ $Z_t \approx 48,44$ €	Forme die Zinsformel nach K um. $Z_t = \frac{K \cdot p \cdot t}{100 \cdot 360}$ $K = \frac{Z_t \cdot 100 \cdot 360}{p \cdot t}$	Forme die Zinsformel nach t um. $Z_t = \frac{K \cdot p \cdot t}{100 \cdot 360}$ $t = \frac{Z_t \cdot 100 \cdot 360}{p \cdot K}$
4	Berechne den Flächeninhalt A eines Dreiecks mit der Grundseite g = 5 cm und der Höhe h = 7 cm. $A = \frac{g \cdot h}{2}$ TR $\frac{5 \cdot 7}{2}$ $A = 17,5 \ cm^2$	Berechne den Flächeninhalt A eines Trapezes mit den Seiten a = 8 cm, c = 13,2 cm und h = 7,4 cm. $A = \frac{a+c}{2} \cdot h$ TR $\frac{8 + 13,2}{2} \cdot 7,4$ $A = 78,44 \ cm^2$	Berechne den Rauminhalt V einer Pyramide mit der Grundfläche G = 28,5 cm² und der Körperhöhe k = 9,3 cm. $V = \frac{1}{3} \cdot G \cdot k$ TR $\frac{1}{3} \cdot 28,5 \cdot 9,3$ $V = 88,350 \ cm^3$
5	Kombiniere $V = G \cdot k$ und $G = \frac{g \cdot h}{2}$ zu einer Formel. $V = \frac{g \cdot h}{2} \cdot k$	Die Formel zur Berechnung des Rauminhalts des Prismas ist $V = G \cdot k$. Gib eine kombinierte Formel zur Berechnung von V an. $G = \frac{g \cdot h}{2}$ $V = \frac{g \cdot h}{2} \cdot k$	Gib eine kombinierte Formel für die Berechnung des Volumens V des zusammengesetzten Körpers an. $V = a \cdot b \cdot c + \frac{1}{3} \cdot a \cdot b \cdot c = \frac{4}{3} \cdot a \cdot b \cdot c$
	Bronze: ☆ ☆ ☆ ☆	Silber: ☾ ☾ ☾ ☆	Gold: ☀ ☀ ☀ ☾

8 Körper

1 Schrägbilder von Körpern zeichnen

1 Zeichne das Schrägbild des Quaders jeweils zu Ende.
a)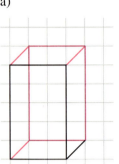
b)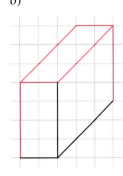

Schrägbild von Körpern zeichnen

Quader

 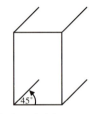 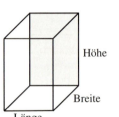

(1) Vordere Fläche zeichnen

(2) Nach hinten verlaufende Kanten um die Hälfte verkürzen und im Winkel 45° zeichnen

(3) Hintere Fläche zeichnen

2 Zeichne das Schrägbild eines Quaders. Länge 4,5 cm, Breite 2 cm, Höhe 3 cm.

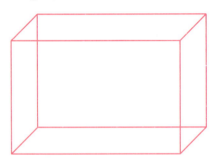

3 Zeichne das Schrägbild der Pyramide mit der Körperhöhe k = 3 cm zu Ende.

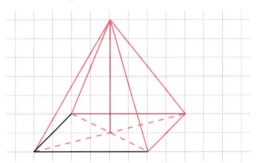

zu 3

Schrägbild einer **Pyramide** zeichnen

(1) Grundfläche zeichnen und den Mittelpunkt markieren
(2) Die Körperhöhe vom Mittelpunkt aus zeichnen und die Spitze des Körpers kennzeichnen
(3) Die Spitze mit den vier Ecken der Grundfläche verbinden

4 Zeichne das Schrägbild einer Pyramide mit quadratischer Grundfläche mit a = 4 cm und k = 3,2 cm.

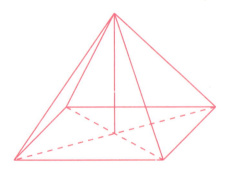

•5 Zeichne das Schrägbild des Kegels mit der Körperhöhe k = 3 cm zu Ende.

Schrägbild eines **Kegels** zeichnen

2.1 Zeichne das Schrägbild eines Quaders.
a) Länge = 5 cm   b) Länge = 5 cm   c) Länge = 4 cm
   Breite = 6 cm   Breite = 8 cm   Breite = 4 cm
   Höhe = 4 cm   Höhe = 3 cm   Höhe = 4 cm

d) Länge = 4,0 cm   e) Länge = 6,0 cm   f) Länge = 6 cm
   Breite = 4,0 cm   Breite = 3,0 cm   Breite = 6 cm
   Höhe = 3,5 cm   Höhe = 4,5 cm   Höhe = 6 cm

4.1 Zeichne das Schrägbild einer Pyramide mit quadratischer Grundfläche.
a) a = 3 cm   b) a = 4 cm   c) a = 6,0 cm
   k = 5 cm   k = 6 cm   k = 6,5 cm

•5.1 Zeichne das Schrägbild eines Kegels.
a) r = 2 cm   b) r = 3 cm   c) r = 2,5 cm
   k = 6 cm   k = 7 cm   k = 6,5 cm

2 Pyramiden

1 Berechne die Körperhöhe k einer Pyramide mit quadratischer Grundfläche.
(1) a = 6 cm; V = 198 cm³

(2) $V = \frac{1}{3} \cdot G \cdot k$ | $G = a^2$

$V = \frac{1}{3} \cdot a^2 \cdot k$ | $\cdot 3$

$3 \cdot V = a^2 \cdot k$ | $: a^2$

$\frac{3 \cdot V}{a^2} = k$ | ↻

$k = \frac{3 \cdot V}{a^2}$

(3) [TR] $\frac{3 \cdot 198}{6^2}$

(4) **k = 16,5 cm**

Körperhöhe k einer Pyramide mit quadratischer Grundfläche berechnen

Pyramide (1) Gegebene Werte a = 4 cm; V = 38 cm³ notieren

(2) Formel notieren, $V = \frac{1}{3} \cdot G \cdot k$ | $G = a^2$
evtl. umformen
$V = \frac{1}{3} \cdot a^2 \cdot k$ | $\cdot 3$
$3 \cdot V = a^2 \cdot k$ | $: a^2$
$\frac{3 \cdot V}{a^2} = k$ | ↻
$k = \frac{3 \cdot V}{a^2}$

a = 4 cm
V = 38 cm³ (3) Werte einsetzen, berechnen [TR] $\frac{3 \cdot 38}{16}$

(4) Ergebnis notieren k ≈ 7,1 cm

2 Berechne von einer Pyramide mit quadratischer Grundfläche
a) die Körperhöhe k, b) das Volumen V.

(1) a = 8,4 cm; h_a = 16,2 cm

a) (2) $k^2 = h_a^2 - (\frac{a}{2})^2$

$k = \sqrt{h_a^2 - (\frac{a}{2})^2}$

(3) $k = \sqrt{16,2^2 - (\frac{8,4}{2})^2}$

(4) **k ≈ 15,6 cm**

b) (2) $V = \frac{1}{3} \cdot G \cdot k$

$V = \frac{1}{3} \cdot a^2 \cdot k$

(3) [TR] $\frac{1}{3} \cdot 8,4^2 \cdot 15,6$

(4) **V ≈ 366,9 cm³**

3 Berechne
a) die Höhe h_a einer Dachfläche,
b) den Flächeninhalt M des Daches.

(1) **a = 3 m; k = 1 m**

Skizze

a) (2) $h_a^2 = k^2 + (\frac{a}{2})^2$

$h_a = \sqrt{k^2 + (\frac{a}{2})^2}$

(3) $h_a = \sqrt{1^2 + (\frac{3}{2})^2}$

(4) **h_a ≈ 1,8 m**

b) (2) $M = 2 \cdot a \cdot h_a$

(3) [TR] $2 \cdot 3 \cdot 1,8$

(4) **M ≈ 10,8 m²**

Die Dachfläche beträgt **10,8 m²**.

1,8; 10,8; 15,6; 16,5; 366,9

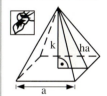

Körperhöhe k
$k^2 = h_a^2 - (\frac{a}{2})^2$
Höhe h_a
$h_a^2 = k^2 + (\frac{a}{2})^2$

Netz einer Pyramide

$M = 4 \cdot \frac{a \cdot h_a}{2}$
$M = 2 \cdot a \cdot h_a$

✓ zu 1 bis 3

1.1 Berechne die Körperhöhe k der Pyramide.
a) a = 18 cm   b) a = 24 cm   c) a = 7,3 cm
   V = 3024 cm³   V = 8640 cm³   V = 293,1 cm³

2.1 Berechne die Körperhöhe k und das Volumen V der Pyramide.
a) a = 28 cm   b) a = 91 cm   c) a = 9,6 cm
   h_a = 26 cm h_a = 68 cm h_a = 21,8 cm

3.1 Berechne von Fig. 1 und Fig. 2
a) die Höhe h_a der Seitenfläche,   b) die Mantelfläche M.

Fig. 1
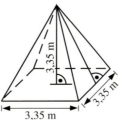

Fig. 2
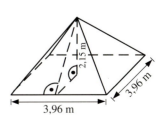

Körper

3 Kegel

1 Berechne die Körperhöhe k eines Kegels.
(1) r = 4,5 cm; V = 468 cm³

(2) $V = \frac{1}{3} \cdot G \cdot k \quad | G = \pi \cdot r^2$

$V = \frac{1}{3} \cdot \pi \cdot r^2 \cdot k \quad | \cdot 3$

$3 \cdot V = \pi \cdot r^2 \cdot k \quad | : (\pi \cdot r^2)$

$\frac{3 \cdot V}{\pi \cdot r^2} = k \quad | \circlearrowleft$

$k = \frac{3 \cdot V}{\pi \cdot r^2}$

(3) [TR] $\frac{3 \cdot 468}{\pi \cdot 4{,}5^2}$

(4) $k \approx 22{,}1 \text{ cm}$

Körperhöhe k eines Kegels berechnen

Kegel (1) Gegebene Werte notieren r = 5 cm; V = 404 cm³

(2) Formel notieren, evtl. umformen
$V = \frac{1}{3} \cdot G \cdot k \quad | G = \pi \cdot r^2$
$V = \frac{1}{3} \cdot \pi \cdot r^2 \cdot k \quad | \cdot 3$
$3 \cdot V = \pi \cdot r^2 \cdot k \quad | : (\pi \cdot r^2)$
$\frac{3 \cdot V}{\pi \cdot r^2} = k \quad | \circlearrowleft$
$k = \frac{3 \cdot V}{\pi \cdot r^2}$

r = 5 cm
V = 404 cm³

(3) Werte einsetzen, berechnen [TR] $\frac{3 \cdot 404}{\pi \cdot 5^2}$

(4) Ergebnis notieren $k \approx 15{,}4 \text{ cm}$

---

2 Berechne a) die Mantellinie s
b) den Oberflächeninhalt O des Kegels mit
(1) r = 7 cm; k = 12,5 cm

a) (2) $s^2 = r^2 + k^2$

$s = \sqrt{r^2 + k^2}$

(3) [TR] $\sqrt{7^2 + 12{,}5^2}$

(4) $s \approx 14{,}3 \text{ cm}$

b) (2) $O = G + M$

$O = \pi \cdot r^2 + (\pi \cdot r \cdot s)$

(3) [TR] $\pi \cdot 7^2 + (\pi \cdot 7 \cdot 14{,}3)$

(4) $O \approx 468{,}4 \text{ cm}^2$

3 Das Volumen V des Sektglases beträgt 112 cm³.
Berechne den Durchmesser d des Glases.

(1) $V = 112 \text{ cm}^3; k = 9 \text{ cm}$

(2) $V = \frac{1}{3} \cdot \pi \cdot r^2 \cdot k \quad | \cdot 3$

$3 \cdot V = \pi \cdot r^2 \cdot k \quad | : (\pi \cdot k)$

$\frac{3 \cdot V}{\pi \cdot k} = r^2 \quad | \circlearrowleft$

$r^2 = \frac{3 \cdot V}{\pi \cdot k} \quad | \sqrt{\ }$

$r = \sqrt{\frac{3 \cdot V}{\pi \cdot k}}$

(3) [TR] $\sqrt{\frac{3 \cdot 112}{\pi \cdot 9}}$

(4) $r \approx 3{,}4 \text{ cm}; d \approx 6{,}8 \text{ cm}$

6,8; 14,3; 22,1; 468,4

Mantellinie s
$s^2 = r^2 + k^2$
$s = \sqrt{r^2 + k^2}$

Netz des Kegels

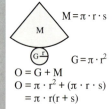

$M = \pi \cdot r \cdot s$
$G = \pi \cdot r^2$
$O = G + M$
$O = \pi \cdot r^2 + (\pi \cdot r \cdot s)$
$= \pi \cdot r(r + s)$

 zu 1 bis 3

1.1 Berechne die Körperhöhe k des Kegels.
a) V = 754 cm³   b) V = 809 cm³   c) V = 1673 cm³
   r = 8 cm   r = 4,3 cm   r = 21,6 cm

2.1 Berechne zuerst die Mantellinie s, dann den Oberflächeninhalt O des Kegels.
a) r = 6 cm   b) r = 4,3 cm   c) r = 21,6 cm
   k = 13 cm   k = 30 cm   k = 46,4 cm

3.1 Das Volumen V des Glases (Fig. 1) beträgt 122 cm³.
Berechne den Durchmesser d.

4 Das Dach des Turmes (Fig. 2) muss neu mit Ziegeln gedeckt werden. Berechne die Dachfläche.

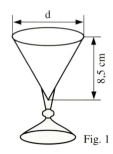 Fig. 1

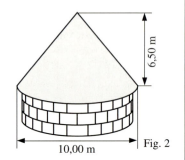 Fig. 2

Körper

4 Pyramidenstümpfe

1 Berechne das Volumen V des Pyramidenstumpfes.
(1) $G_1 = 36\ cm^2$; $G_2 = 9\ cm^2$; $k = 8\ cm$

(2) $V = \frac{1}{3} \cdot k \cdot (G_1 + \sqrt{G_1 \cdot G_2} + G_2)$

(3) [TR] $\frac{1}{3} \cdot 8 \cdot (36 + \sqrt{36 \cdot 9} + 9)$

(4) $V = 168\ cm^3$

Volumen V eines Pyramidenstumpfes berechnen

(1) Gegebene Werte notieren $a_1 = 5\ cm$; $a_2 = 2\ cm$; $k = 4\ cm$

$a_1 = 5\ cm$
$a_2 = 2\ cm$
$k = 4\ cm$

(2) Formel notieren, evtl. umformen
$V = \frac{1}{3} \cdot k(G_1 + \sqrt{G_1 \cdot G_2} + G_2)$
$V = \frac{1}{3} \cdot k(a_1^2 + \sqrt{a_1^2 \cdot a_2^2} + a_2^2)$

(3) Werte einsetzen, berechnen   [TR] $\frac{1}{3} \cdot 4 \cdot (5^2 + \sqrt{5^2 \cdot 2^2} + 2^2)$

(4) Ergebnis notieren $V = 52\ cm^3$

---

2 Berechne das Volumen V des Pyramidenstumpfes.
(1) $a_1 = 8\ cm$; $a_2 = 2\ cm$; $k = 20\ cm$

(2) $V = \frac{1}{3} \cdot k \cdot (G_1 + \sqrt{G_1 \cdot G_2} + G_2)$

$V = \frac{1}{3} \cdot k \cdot (a_1^2 + \sqrt{a_1^2 \cdot a_2^2} + a_2^2)$

(3) [TR] $\frac{1}{3} \cdot 20 \cdot (8^2 + \sqrt{8^2 \cdot 2^2} + 2^2)$

(4) $V = 560\ cm^3$

3 Berechne den Oberflächeninhalt O des Pyramidenstumpfes.
(1) $a_1 = 6\ cm$; $a_2 = 2\ cm$; $h_a = 8,5\ cm$

(2) $O = G_1 + G_2 + M$

$O = a_1^2 + a_2^2 + 2 \cdot (a_1 + a_2) \cdot h_a$

(3) [TR] $6^2 + 2^2 + 2 \cdot (6 + 2) \cdot 8,5$

(4) $O = 176\ cm^2$

Netz des Pyramidenstumpfes

$G_1 = a_1^2$ $G_2 = a_2^2$
$M = 2 \cdot (a_1 + a_2) \cdot h_a$
Oberflächeninhalt O eines Pyramidenstumpfes
$O = G_1 + G_2 + M$
$O = a_1^2 + a_2^2 + 2 \cdot (a_1 + a_2) \cdot h_a$

4 a) Berechne vom Pyramidenstumpf die Körperhöhe k,
(1) $a_1 = 12\ cm$; $a_2 = 4\ cm$; $h_a = 15\ cm$

(2) $k^2 = h_a^2 - (\frac{a_1}{2} - \frac{a_2}{2})^2$

$k = \sqrt{h_a^2 - (\frac{a_1}{2} - \frac{a_2}{2})^2}$

(3) [TR] $\sqrt{15^2 - (\frac{12}{2} - \frac{4}{2})^2}$

(4) $k \approx 14,5\ cm$

b) Berechne das Volumen V des Pyramidenstumpfes.
(1) $a_1 = 12\ cm$; $a_2 = 4\ cm$; $k = 14,5\ cm$

(2) $V = \frac{1}{3} \cdot k \cdot (G_1 + \sqrt{G_1 \cdot G_2} + G_2)$

$V = \frac{1}{3} \cdot k \cdot (a_1^2 + \sqrt{a_1^2 \cdot a_2^2} + a_2^2)$

(3) [TR] $\frac{1}{3} \cdot 14,5 \cdot (12^2 + \sqrt{12^2 \cdot 4^2} + 4^2)$

(4) $V \approx 1005,3\ cm^3$

14,5; 168; 176; 560; 1005,3

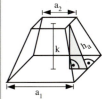

Körperhöhe k
$k^2 = h_a^2 - (\frac{a_1}{2} - \frac{a_2}{2})^2$

 zu 1 bis 4

1.1 Berechne das Volumen V des Pyramidenstumpfes.
a) $G_1 = 25\ cm^2$, $G_2 = 16\ cm^2$, $k = 11\ cm$
b) $G_1 = 44,6\ cm^2$, $G_2 = 20,4\ cm^2$, $k = 7,5\ cm$

2.1 Berechne das Volumen V des Pyramidenstumpfes.
a) $a_1 = 6\ cm$, $a_2 = 3\ cm$, $k = 14\ cm$
b) $a_1 = 44\ cm$, $a_2 = 27\ cm$, $k = 24\ cm$

3.1 Berechne den Oberflächeninhalt O des Pyramidenstumpfes.
a) $a_1 = 7\ cm$, $a_2 = 4\ cm$, $h_a = 16\ cm$
b) $a_1 = 36\ cm$, $a_2 = 29\ cm$, $h_a = 13\ cm$

4.1 Berechne zuerst die Körperhöhe k, dann das Volumen V.
a) $a_1 = 10\ cm$, $a_2 = 2\ cm$, $h_a = 14\ cm$
b) $a_1 = 24\ cm$, $a_2 = 8\ cm$, $h_a = 12,5\ cm$

•**5** Berechne a) das Volumen V, b) die Höhe h_a, c) den Oberflächeninhalt O der Körper in Fig. 1 und 2.

Fig. 1 Skizze
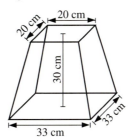

Fig. 2 Skizze
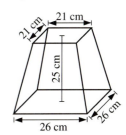

61

Körper

5 Kegelstümpfe

1 Berechne das Volumen V des Kegelstumpfes.
(1) $r_1 = 6$ cm; $r_2 = 3$ cm; $k = 10$ cm

(2) $V = \frac{1}{3} \cdot k \cdot \pi \cdot (r_1^2 + r_1 \cdot r_2 + r_2^2)$

(3) [TR] $\frac{1}{3} \cdot 10 \cdot \pi \cdot (6^2 + 6 \cdot 3 + 3^2)$

(4) $V \approx 659{,}7 \; cm^3$

Volumen V eines Kegelstumpfes berechnen

(1) Gegebene Werte notieren $r_1 = 3$ cm; $r_2 = 1{,}5$ cm, $k = 9$ cm

(2) Formel notieren, evtl. umformen $V = \frac{1}{3} \cdot k \cdot \pi \cdot (r_1^2 + r_1 \cdot r_2 + r_2^2)$

$r_1 = 3$ cm
$r_2 = 1{,}5$ cm
$k = 9$ cm

(3) Werte einsetzen, berechnen [TR] $\frac{1}{3} \cdot 9 \cdot \pi \cdot (3^2 + 3 \cdot 1{,}5 + 1{,}5^2)$

(4) Ergebnis notieren $V \approx 148{,}4 \; cm^3$

2 Berechne den Oberflächeninhalt O des Kegelstumpfes.
(1) $G_1 = 35{,}4 \; cm^2$; $G_2 = 11{,}2 \; cm^2$, $M = 45{,}6 \; cm^2$

(2) $O = G_1 + G_2 + M$

(3) [TR] $35{,}4 + 11{,}2 + 45{,}6$

(4) $O = 92{,}2 \; cm^2$

3 Berechne den Oberflächeninhalt O des Kegelstumpfes.
(1) $r_1 = 6$ cm; $r_2 = 2$ cm, $s = 8$ cm

(2) $O = G_1 + G_2 + M$

$O = \pi \cdot r_1^2 + \pi \cdot r_2^2 + \pi \cdot s \cdot (r_1 + r_2)$

(3) [TR] $\pi \cdot 6^2 + \pi \cdot 2^2 + \pi \cdot 8 \cdot (6 + 2)$

(4) $O \approx 326{,}7 \; cm^2$

 Netz des Kegelstumpfes

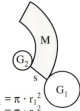

$G_1 = \pi \cdot r_1^2$
$G_2 = \pi \cdot r_2^2$
$M = \pi \cdot s \cdot (r_1 + r_2)$

Oberflächeninhalt O eines Kegelstumpfes
$O = G_1 + G_2 + M$
$O = \pi \cdot r_1^2 + \pi \cdot r_2^2 + \pi \cdot s \cdot (r_1 + r_2)$
$= \pi [r_1^2 + r_2^2 + s(r_1 + r_2)]$

4 a) Berechne die Körperhöhe k des Kegelstumpfes.
(1) $r_1 = 9$ cm; $r_2 = 4$ cm; $s = 9{,}6$ cm

(2) $k^2 = s^2 - (r_1 - r_2)^2$

$k = \sqrt{s^2 - (r_1 - r_2)^2}$

(3) [TR] $\sqrt{9{,}6^2 - (9 - 4)^2}$

(4) $k \approx 8{,}2 \; cm$

b) Berechne das Volumen V des Kegelstumpfes.
(1) $r_1 = 9 \; cm; r_2 = 4 \; cm; k = 8{,}2 \; cm$

(2) $V = \frac{1}{3} \cdot k \cdot \pi \cdot (r_1^2 + r_1 \cdot r_2 + r_2^2)$

(3) [TR] $\frac{1}{3} \cdot 8{,}2 \cdot \pi \cdot (9^2 + 9 \cdot 4 + 4^2)$

(4) $V \approx 1142{,}1 \; cm^3$

8,2; 92,2; 326,7; 659,7; 1142,1

Körperhöhe k
$k^2 = s^2 - (r_1 - r_2)^2$

 zu 1 bis 4

1.1 Berechne das Volumen V des Kegelstumpfes.
a) $r_1 = 7$ cm, $r_2 = 2$ cm, $k = 10$ cm
b) $r_1 = 18$ cm, $r_2 = 4$ cm, $k = 24$ cm

2.1 Berechne den Oberflächeninhalt O des Kegelstumpfes.
a) $G_1 = 113{,}1 \; cm^2$, $G_2 = 12{,}6 \; cm^2$, $M = 201{,}1 \; cm^2$
b) $G_1 = 28{,}3 \; cm^2$, $G_2 = 3{,}1 \; cm^2$, $M = 31{,}4 \; cm^2$

3.1 Berechne den Oberflächeninhalt O des Kegelstumpfes.
a) $r_1 = 8$ cm, $r_2 = 3$ cm, $s = 15$ cm
b) $r_1 = 20$ cm, $r_2 = 15$ cm, $s = 30$ cm

4.1 Berechne zuerst die Körperhöhe k, dann das Volumen V.
a) $r_1 = 9$ cm, $r_2 = 6$ cm, $s = 12$ cm
b) $r_1 = 66$ cm, $r_2 = 32$ cm, $s = 44$ cm

•5 Berechne a) das Volumen V, b) die Seitenlinie s, c) den Oberflächeninhalt O der Körper in Fig. 1 und 2.

Fig.1 Skizze

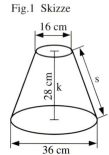

Fig. 2 Skizze

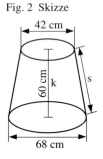

Körper

6 Kugeln

1 Berechne das Volumen V der Kugel.

8 cm

(1) *d = 8 cm (r = 4 cm)*

(2) $V = \frac{4}{3} \cdot \pi \cdot r^3$

(3) [TR] $\frac{4}{3} \cdot \pi \cdot 4^3$

(4) $V \approx 268{,}1\ cm^3$

Volumen V einer Kugel berechnen

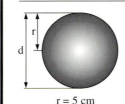

r = 5 cm

(1) Gegebene Werte notieren   r = 5 cm

(2) Formel notieren, evtl. umformen $V = \frac{4}{3} \cdot \pi \cdot r^3$

(3) Werte einsetzen, berechnen   [TR] $\frac{4 \cdot \pi \cdot 5^3}{3}$

(4) Ergebnis notieren $V \approx 523{,}6\ cm^3$

2 Berechne das Volumen V einer Kugel mit dem Radius r = 16 cm.

(1) *r = 16 cm*

(2) $V = \frac{4}{3} \cdot \pi \cdot r^3$

(3) [TR] $\frac{4}{3} \cdot \pi \cdot 16^3$

(4) $V \approx 17\,157{,}3\ cm^3$

3 Berechne den Oberflächeninhalt O der Kugel.

8 cm

(1) *d = 8 cm (r = 4 cm)*

(2) $O = 4 \cdot \pi \cdot r^2$

(3) [TR] $4 \cdot \pi \cdot 4^2$

(4) $O \approx 201{,}1\ cm^2$

Oberflächeninhalt O einer Kugel

$O = 4 \cdot \pi \cdot r^2$

4 Berechne den Radius r einer Kugel mit dem Volumen V = 500 cm³.

(1) $V = 500\ cm^3$

(2) $V = \frac{4}{3} \cdot \pi \cdot r^3$ $|\cdot 3$

$3 \cdot V = 4 \cdot \pi \cdot r^3$ $|:(4 \cdot \pi)$

$\frac{3 \cdot V}{4 \cdot \pi} = r^3$ $|\circlearrowleft \sqrt[3]{\ }$

$r = \sqrt[3]{\frac{3 \cdot V}{4 \cdot \pi}}$

(3) [TR] $\sqrt[3]{\frac{3 \cdot 500}{4 \cdot \pi}}$

(4) $r \approx 4{,}9\ cm$

5 Berechne den Durchmesser d einer Kugel mit dem Oberflächeninhalt O = 245 cm².

(1) $O = 245\ cm^2$

(2) $O = 4 \cdot \pi \cdot r^2$ $|:(4 \cdot \pi)$

$\frac{O}{4 \cdot \pi} = r^2$ $|\circlearrowleft$

$r^2 = \frac{O}{4 \cdot \pi}$ $|\sqrt{\ }$

$r = \sqrt{\frac{O}{4 \cdot \pi}}$

(3) [TR] $\sqrt{\frac{245}{4 \cdot \pi}}$

(4) $r \approx 4{,}4\ cm;\quad d \approx 8{,}8\ cm$

 zu 4

$\sqrt[3]{125} = 5$, denn $5^3 = 125$.

[TR] für $\sqrt[3]{125}$

125 [INV] [y^x] 3 [=]

 zu 1 bis 5:

4,9; 8,8; 201,1; 268,1; 17 157,3

1.1 Berechne das Volumen V.
a) d = 9 cm   b) d = 12 cm   c) d = 17 cm
d) d = 19,6 cm   e) d = 36,2 cm   f) d = 55 cm

2.1 Berechne das Volumen V.
a) r = 25 mm   b) r = 80 mm   c) r = 43,2 mm
d) r = 1,22 m   e) r = 3,50 m   f) r = 2,83 m

3.1 Berechne den Oberflächeninhalt O.
a) d = 11 cm   b) d = 47 cm   c) d = 89 cm
d) d = 66 mm   e) d = 4,55 m   f) d = 18,20 m

3.2 Berechne den Oberflächeninhalt O.
a) r = 76 cm   b) r = 45 cm   c) r = 96 cm
d) r = 82 mm   e) r = 23,52 m   f) r = 0,88 m

4.1 Berechne den Radius r.
a) V = 400 cm³   b) V = 655,2 cm³   c) V = 1000 cm³
d) V = 568 cm³   e) V = 782,6 cm³   f) V = 304,8 cm³

4.2 Berechne den Durchmesser d.
a) V = 1984 mm³   b) V = 8410 m³   c) V = 4673 cm³
d) V = 620 mm³   e) V = 255 m³   f) V = 3017 cm³

5.1 Berechne den Durchmesser d.
a) O = 198,1 cm²   b) O = 456,2 m²   c) O = 2045 cm²
d) O = 521,5 mm²   e) O = 552,6 m²   f) O = 4782 cm²

5.2 Berechne den Radius r.
a) O = 330,8 cm²   b) O = 468,9 m²   c) O = 4500 cm²
d) O = 125,8 mm²   e) O = 289,7 m²   f) O = 3471 cm²

Körper

7 Volumen zusammengesetzter Körper berechnen

1 Berechne das Volumen V des Körpers im Kasten.

Teilkörper A	Teilkörper B
(1) Pyramide	(1) *Quader*
(2) a=b=*5 cm* k=*7 cm*	(2) *a=5cm; b=5cm; c=3cm*
(3) $V_A = \frac{1}{3} \cdot G \cdot k$	(3) $V_B = a \cdot b \cdot c$
$V_A = \frac{1}{3} \cdot a \cdot b \cdot k$	
(4) [TR] $\frac{1}{3} \cdot 5 \cdot 5 \cdot 7$	(4) [TR] $5 \cdot 5 \cdot 3$
$V_A \approx 58{,}3 \; cm^3$	$V_B = 75 \; cm^3$

(5) *Gesamtkörper*: $V = 133{,}3 \; cm^3$

Volumen zusammengesetzter Körper berechnen

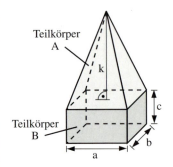

(1) Zuerst den Körper in Teilkörper zerlegen, die Teilkörper benennen

(2) Gegebene Werte notieren

(3) Formeln notieren, evtl. kombinieren

(4) Werte einsetzen, berechnen

a = 5 cm; b = 5 cm
c = 3 cm; k = 7 cm

(5) Gesamtkörper berechnen

2 Berechne das Volumen V des Körpers in Fig. 1.

Teilkörper A	Teilkörper B
(1) *Kegel*	(1) *Halbkugel*
(2) *r=2,5 cm; k=5,5 cm*	(2) *r = 2,5 cm*
(3) $V_A = \frac{1}{3} \cdot G \cdot k$	(3) $V_B = \frac{1}{2} \cdot \frac{4}{3} \cdot \pi \cdot r^3$
$V_A = \frac{1}{3} \cdot \pi \cdot r^2 \cdot k$	$V_B = \frac{2}{3} \cdot \pi \cdot r^3$
(4) [TR] $\frac{1}{3} \cdot \pi \cdot 2{,}5^2 \cdot 5{,}5$	(4) [TR] $\frac{2}{3} \cdot \pi \cdot 2{,}5^3$
$V_A \approx 36 \; cm^3$	$V_B \approx 32{,}7 \; cm^3$

(5) *Gesamtkörper*: $V = 68{,}7 \; cm^3$

3 Berechne das Volumen V des Körpers in Fig. 1 durch Kombinieren der Einzelformeln.

Einzelformeln notieren, evtl. umformen	$V = \frac{1}{3} \cdot G \cdot k$ $V = \frac{1}{2} \cdot \frac{4}{3} \cdot \pi \cdot r^3$
	$V = \frac{1}{3} \cdot \pi \cdot r^2 \cdot k$ $V = \frac{2}{3} \cdot \pi \cdot r^3$
Einzelformeln kombinieren	$V_G = \frac{1}{3} \cdot \pi \cdot r^2 \cdot k + \frac{2}{3} \cdot \pi \cdot r^3$
Vereinfachen	$V_G = \frac{1}{3} \cdot \pi \cdot r^2 \cdot (k + 2 \cdot r)$
Werte einsetzen, berechnen	[TR] $\frac{1}{3} \cdot \pi \cdot 2{,}5^2 \cdot (5{,}5 + 2 \cdot 2{,}5)$
Gesamtkörper berechnen	$V_G \approx 68{,}7 \; cm^3$

32,7; 36; 58,3; 68,7; 68,7; 75; 133,3

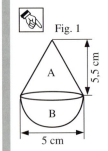

Fig. 1

Volumen-formeln

Formeln kombinieren siehe S. 55

zu 1 bis 3

Berechne das Volumen V des Körpers (der gefärbte Teil ist ein Hohlraum).

4 Skizze

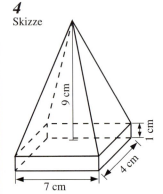

5 Skizze

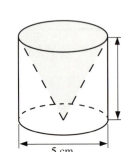

6 Skizze

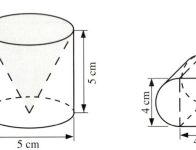

7 Skizze

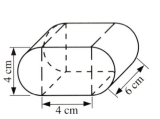

Körper

8 Sachaufgaben mit Körperberechnungen lösen

1 Berechne, wie viel Flüssigkeit der Trichter (ohne Rohr) fasst.   Skizze

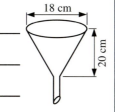

(1) **Kegel, Volumen V**

(2) **$r = 9$ cm; $k = 20$ cm**

(3) **$V = \frac{1}{3} \cdot G \cdot k$**

   $V = \frac{1}{3} \cdot \pi \cdot r^2 \cdot k$

(4) [TR] **$\frac{1}{3} \cdot \pi \cdot 9^2 \cdot 20$**

   $V \approx 1696{,}5$ cm³

(5) **Der Trichter fasst 1696,5 cm³.**

Schrittfolge bei Sachaufgaben zur Körperberechnung
(1) Überlegen: – Welche Körperform liegt vor?   – Was soll berechnet werden (V, O, ...)?   Skizze anlegen
(2) Gegebene Werte notieren
(3) Formel notieren, evtl. umformen
(4) Werte einsetzen, berechnen
(5) Antwort notieren

2 Berechne, wie viel m² Stoff man für den Lampenschirm (Fig. 1) braucht.

(1) **Kegelstumpf, Mantelfläche M**

(2) **$r_1 = 18$ cm; $r_2 = 14$ cm; $s = 30{,}3$ cm**

(3) **$M = \pi \cdot s \cdot (r_1 + r_2)$**

(4) [TR] **$\pi \cdot 30{,}3 \cdot (18 + 14)$**

   $M \approx 3046{,}1$ cm²

(5) **Man braucht ungefähr 0,3 m² Stoff.**

3 Berechne, wie viel Liter Erde der Blumenkübel (Fig. 2) fasst.

(1) **Pyramidenstumpf, Volumen V**

(2) **$a_1 = 42$ cm; $a_2 = 28$ cm; $k = 39$ cm**

(3) **$V = \frac{1}{3} \cdot k \cdot (G_1 + \sqrt{G_1 \cdot G_2} + G_2)$**

   $V = \frac{1}{3} \cdot k \cdot (a_1^2 + \sqrt{a_1^2 \cdot a_2^2} + a_2^2)$

(4) [TR] **$\frac{1}{3} \cdot 39 \cdot (42^2 + \sqrt{42^2 \cdot 28^2} + 28^2)$**

   $V \approx 48\,412$ cm³

(5) **Der Blumenkübel fasst ungefähr 48,4 ℓ Erde.**

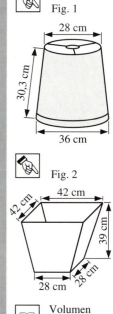

Fig. 1

Fig. 2

4 Berechne die Oberfläche der Erde. Der Erddurchmesser beträgt ungefähr 12 740 km.

(1) **Kugel, Oberflächeninhalt O**

(2) **$d = 12\,740$ km ($r = 6370$ km)**

(3) **$O = 4 \cdot \pi \cdot r^2$**

(4) [TR] **$4 \cdot \pi \cdot 6370^2$**

   $O \approx 5{,}099 \cdot 10^8$ km²

(5) **Die Erdoberfläche beträgt ungefähr 500 Mio km².**

0,3; 48,4; 1696,5; 5,099 · 10⁸

Volumen Oberflächen- inhalte

1 dm³ = 1 ℓ

zu 1 bis 4

---

5 Ein 2,40 m hoher Sandhaufen (Fig. 3) hat einen Durchmesser von 7 m. Wie viel m³ Sand sind aufgeschüttet?

6 Wie viel Liter Wasser fasst der Eimer (Fig. 4)?

7 Wie viel m² Leder braucht man für einen Fußball mit dem Durchmesser 23 cm (zuzüglich 10% Verschnitt)?

8 Eine Kugel liegt in einem mit Wasser gefüllten Zylinder (Fig. 5). Wie viel ℓ Wasser sind noch im Zylinder?

Fig. 3   Fig. 4   Fig. 5

	☆	☾	☀
1	Berechne das Volumen V der Pyramide mit quadratischer Grundfläche mit a = 7,2 cm und k = 9 cm. $V = \frac{1}{3} \cdot a^2 \cdot k$ $V = 155,52\ cm^3$	Berechne die Körperhöhe k der Pyramide mit quadratischer Grundfläche mit G = 51,84 cm^2 und V = 138,24 cm^3. $k = \frac{3 \cdot V}{G}$ $k = 8\ cm$	Berechne die Körperhöhe k, dann das Volumen V der Pyramide mit a = 9 cm und h$_a$ = 16 cm. Skizze anfertigen. $k \approx 15,4\ cm$ $V \approx 415,8\ cm^3$
2	Berechne das Volumen V des Kegels mit r = 3,5 cm und k = 11 cm. $V = \frac{1}{3} \cdot \pi \cdot r^2 \cdot k$ $V \approx 141,1\ cm^3$	Berechne die Körperhöhe k des Kegels mit G = 30,19 cm^2 und V = 150,95 cm^3. $k = \frac{3 \cdot V}{G}$ $k = 15\ cm$	Berechne den Durchmesser d eines Kegels mit V = 195 cm^3 und k = 19 cm. $d = 2 \cdot \sqrt{\frac{3 \cdot V}{\pi \cdot k}}$ $d \approx 6,3\ cm$
3	Berechne den Oberflächeninhalt O des Kegels mit G = 19,63 cm^2 und M = 88,75 cm^2. $O = G + M$ $O = 108,38\ cm^2$	Berechne den Oberflächeninhalt O des Kegels mit r = 4,8 cm und s = 11,1 cm. $O = \pi \cdot r (r + s)$ $O \approx 239,8\ cm^2$	Berechne den Oberflächeninhalt O des Kegels mit r = 6 cm und k = 9 cm. Skizze anfertigen. $s \approx 10,8\ cm$ $O \approx 316,7\ cm^2$
4	Berechne das Volumen V der Kugel mit dem Radius r = 4 cm. $V = \frac{4}{3} \cdot \pi \cdot r^3$ $V \approx 268,1\ cm^3$	Berechne den Oberflächeninhalt O der Kugel mit d = 5 cm. $O = \pi \cdot d^2$ $O \approx 78,5\ cm^2$	Berechne den Radius r einer Kugel mit dem Oberflächeninhalt O = 880 cm^2. $r = \sqrt{\frac{O}{4 \cdot \pi}}$ $r \approx 8,4\ cm$
5	Berechne das Volumen V des Trichters. Skizze $V = \frac{1}{3} \cdot \pi \cdot r^2 \cdot k$ $V \approx 443,5\ cm^3$	Berechne das Volumen V des Betonklotzes. Skizze $V = \frac{1}{3} \pi k (r_1^2 + r_1 r_2 + r_2^2)$ $V \approx 20\ 378,5\ cm^3$	Berechne das Volumen V des Körpers. Skizze $V_{Kegel} \approx 4601,4\ cm^3$ $V_{Halbkugel} \approx 4601,4\ cm^3$ $V_G \approx 9202,8\ cm^3$

Bronze: ☆ ☆ ☆ ☆   Silber: ☾ ☾ ☾ ☆ ☆   Gold: ☀ ☀ ☀ ☾ ☾

9 Wachstumsprozesse

1 Lineares Wachstum

1 Berechne für das Beispiel im Kasten das Guthaben nach 9 Monaten.

(1) Startgröße   s = *380 €*

Zunahme/Abnahme?   *a = 75 €*

Anzahl   *n = 9*

(2) Formel notieren $a_n = s + a \cdot n$

(3) Rechnung   [TR] *380 + 75 · 9*

(4) Ergebnis notieren a_9 = *1055 €*

Eine Klasse sammelt monatlich 75 € für die Klassenfahrt. Im August waren 380 € in der Kasse. Wie viel Geld hat die Klasse im Dezember?

Graph

(1) Startgröße   s = 380 €
     Zunahme/Abnahme   a = 75 €
     Anzahl notieren   n = 4

(2) Formel notieren $a_n = s + a \cdot n$

(3) Werte einsetzen, berechnen   [TR] 380 + 75 · 4

(4) Ergebnis notieren a_4 = 680 €

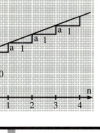

---

2 Ein Leihwagen kostet 80 € Grundgebühr und für jeden gefahrenen km 0,40 €.
a) Berechne die Kosten für 750 km.

(1) Startgröße   *s = 80 €*

Zunahme/Abnahme?   *a = 0,4 €*

Anzahl   *n = 750*

(2) $a_n = s + a \cdot n$

(3) [TR] *80 + 0,4 · 750*

(4) a_{750} = *380 €*

b) Berechne die Kosten für 1500 km.

(3) [TR] *80 + 0,4 · 1500*

(4) a_{1500} = *680 €*

---

3 Von einem Konto mit 1200 € Guthaben werden jeden Monat 85 € abgebucht.
a) Berechne das Guthaben nach 4 Monaten.

(1) Startgröße   *s = 1200 €*

Zunahme/Abnahme?   *a = – 85 €*

Anzahl   *n = 4*

(2) $a_n = s + a \cdot n$

(3) [TR] *1200 + (– 85) · 4*

(4) a_4 = *860 €*

b) Berechne das Guthaben nach 8 Monaten.

(3) [TR] *1200 + (– 85) · 8*

(4) a_8 = *520 €*

Lineares Wachstum

$a_n = s + a \cdot n$

s   Startgröße
a   Betrag für Zunahme (a > 0) oder Abnahme (a < 0)
n   Anzahl der gleich langen Abschnitte
a_n Größe (Wert) nach n gleich langen Abschnitten

 zu 3

Abnahme, also
a < 0
a = – 85 €

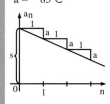

1.1 Auf ein Konto mit einem Guthaben von 475 € wird monatlich ein Betrag von 103,50 € eingezahlt.
Berechne das Guthaben nach   a) 4 Monaten,   b) 12 Monaten.

2.1 Bei einer Autovermietung wird ein Kleintransporter ausgeliehen. Man zahlt eine Grundgebühr von 120 € und für jeden gefahrenen Kilometer 0,35 €.
Berechne die Kosten für eine Fahrt von
a) 200 km,   b) 479 km,   c) 849 km,   d) 1500 km.

2.2 Bei einer anderen Autovermietung kann ein Kleintransporter ohne Grundgebühr zum Kilometerpreis von 0,60 € ausgeliehen werden.
Berechne die Kosten für eine Fahrt von
a) 200 km,   b) 479 km,   c) 849 km,   d) 1500 km.

3.1 Von einem Konto mit einem Guthaben von 2400 € werden jeden Monat 128,40 € abgebucht. Berechne das Guthaben nach   a) 4 Monaten,   b) 9 Monaten,   c) 12 Monaten.

•**4** Ein hängender Tropfstein ist 0,829 m lang. Er wächst jährlich um 3 mm. Berechne die Länge des Tropfsteins nach
a) 25 Jahren,   b) 100 Jahren.

•**5** Ein landwirtschaftlicher Betrieb hat 25 t Futtervorrat; täglich werden 750 kg verfüttert. Berechne den restlichen Futtervorrat nach   a) 7 Tagen,   b) 30 Tagen.

•**6** Für eine Taxifahrt zahlt man eine Grundgebühr von 1,90 €; für 100 m Fahrt „springt" das Taxameter um 15 ct weiter. Berechne die Kosten für folgende Taxifahrten.
a) 8 km,   b) 12,3 km,   c) 18,7 km,   d) 25 km.

Wachstumsprozesse

2 Exponentielles Wachstum: Zunahme

1 Berechne für das Beispiel im Kasten das Gewicht der Melone nach 4 Wochen.

(1) Startgröße   s = **0,150 kg**

Wachstumsfaktor   a = **2**

Anzahl   n = **4**

(2) $a_n = s \cdot a^n$

(3) [TR] **0,150 · 2⁴**

(4) **a_4 = 2,4 kg**

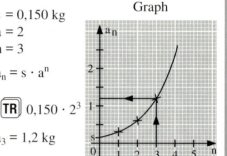

Eine Wassermelone wiegt 0,150 kg. Bis zur Reife verdoppelt sich in jeder Woche das Gewicht. Berechne das Gewicht nach 3 Wochen.

(1) Startgröße   s = 0,150 kg
     Wachstumsfaktor   a = 2
     Anzahl notieren   n = 3

(2) Formel notieren $a_n = s \cdot a^n$

(3) Werte einsetzen, berechnen   [TR] 0,150 · 2³

(4) Ergebnis notieren a_3 = 1,2 kg

Graph

---

2 Die Mieten für Wohnraum steigen jährlich um durchschnittlich 3%.
Berechne für eine 600 € teure Wohnung die Mietkosten nach 5 Jahren.

(1) s = **600 €**

     a = **1,03**

     n = **5**

(2) $a_n = s \cdot a^n$

(3) [TR] **600 · 1,03⁵**

(4) **$a_5 \approx$ 696 €**

3 Eine Hausratversicherung steigt jährlich um 4%. Anfangs sind 280 € zu zahlen. Berechne den Versicherungsbeitrag nach 9 Jahren.

(1) s = **280 €**

     a = **1,04**

     n = **9**

(2) $a_n = s \cdot a^n$

(3) [TR] **280 · 1,04⁹**

(4) **$a_9 \approx$ 398,53 €**

Exponentielles Wachstum
Zunahme

$a_n = s \cdot a^n$

s   Startgröße
a   Wachstumsfaktor
    a > 1
n   Anzahl der gleich langen Abschnitte
a_n Größe (Wert) nach n gleich langen Abschnitten

[TR] für 0,15 · 2³

0,15 [×] 2 [y^x] 3 [=]

zu 2
Wachstumsfaktor bestimmen
Zunahme um 3%
100% + 3% = 103%
103% = 1,03
Faktor 1,03

•4 a) Experten der UNO rechneten 1990 damit, dass die Bevölkerung der Erde alle 10 Jahre um 20% wächst. Berechne mit dem Wachstumsfaktor die voraussichtlichen Bevölkerungszahlen.

Jahr	1990	2000	2010	2020	2030
Bevölkerungszahl	5,2 Mrd.	**6,24 Mrd.**	**≈ 7,49 Mrd.**	**≈ 8,99 Mrd.**	**≈ 10,78 Mrd.**

b) In welchem Jahr wird sich die Bevölkerungszahl gegenüber 1990 verdoppelt haben?   **2030**

1.1 Ein Kürbis wiegt 0,120 kg. Bis zur Reife verdoppelt sich jede Woche das Gewicht.
Berechne das Gewicht nach
a) 3 Wochen,   b) 4 Wochen,   c) 5 Wochen,   d) 6 Wochen.

2.1 Berechne für eine durchschnittliche Mietsteigerung von 3% die Mieten.
a) 250 €, nach 10 Jahren,   b) 430 €, nach 6 Jahren.

3.1 Bei Abschluss einer Versicherung wird eine jährliche Steigerung von 4,5% vereinbart. Im 1. Jahr sind 150 € zu zahlen.
Berechne die Beiträge nach 3 Jahren, nach 5 Jahren.

•4.1 Das Holzvolumen eines Waldes wird auf 60 000 m³ geschätzt. Berechne das Holzvolumen nach 5 Jahren bei einem jährlichen Wachstum von 2,3%.

•4.2 Am 1.1.1999 gab es rund 2 400 000 Lkw's in Deutschland. Experten schätzen, dass der Bestand jedes Jahr um 10% zunimmt. Nach wie vielen Jahren wird sich der Bestand verdoppelt haben?

•5 Eine Braunalge ist zu Beginn der Beobachtung 2 m lang. Sie wächst jede Woche um das 1,4fache. Berechne die Länge der Alge nach 5 Wochen.

Wachstumsprozesse

3 Exponentielles Wachstum: Abnahme

1 Berechne für das Beispiel im Kasten den Zeitwert nach 5 Jahren.

(1) s = *25 000 €*

a = *0,8*

n = *5*

(2) *$a_n = s \cdot a^n$*

(3) [TR] *25 000 · 0,8⁵*

(4) *$a_5 \approx 8\ 192$ €*

Ein Pkw verliert jährlich etwa 20% seines Zeitwertes. Ein Neuwagen kostet 25 000 €. Berechne den Wert nach 3 Jahren.

(1) Startgröße   s = 25 000 €
    Wachstumsfaktor   a = 0,8
    Anzahl notieren   n = 3

(2) Formel notieren $a_n = s \cdot a^n$

(3) Werte einsetzen,
    berechnen   [TR] 25 000 · 0,8³

(4) Ergebnis notieren a_3 = 12 800 €

Graph

---

2 In einem See nimmt die Beleuchtungsstärke je 1 m Wassertiefe um 40% ab. An der Wasseroberfläche werden 5000 Lux gemessen. Berechne die Beleuchtungsstärke in 4 m Tiefe.

(1) *s = 5000 Lux*

   a = 0,6

   n = 4

(2) *$a_n = s \cdot a^n$*

(3) [TR] *5000 · 0,6⁴*

(4) *a_4 = 648 Lux*

3 Ein Topf mit kochendem Wasser (100 °C) wird vom Herd genommen. Die Wassertemperatur sinkt in jeder Minute um 5%. Berechne die Wassertemperatur nach 20 min.

(1) *s = 100 °C*

   a = 0,95

   n = 20

(2) *$a_n = s \cdot a^n$*

(3) [TR] *100 · 0,95²⁰*

(4) *$a_{20} \approx 36$ °C*

Exponentielles Wachstum
Abnahme

$a_n = s \cdot a^n$

s Startgröße
a Wachstumsfaktor
   bei Abnahme
   0 < a < 1
n Anzahl der
   gleich langen
   Abschnitte
a_n Größe (Wert)
   nach
   n gleich langen
   Abschnitten

 zu 2

Wachstumsfaktor bestimmen

Abnahme um 40%

100% − 40% = 60%
60% = 0,6
Faktor 0,6

•4 In der Medizin wird radioaktives Jod 131 benutzt. An einem Tag zerfallen jeweils 8% des noch vorhandenen radioaktiven Jods. Fülle die Tabelle aus. Gib die Ergebnisse mit 2 Stellen nach dem Komma an.

Anzahl der Tage	0	1	2	3	4	5
Jodmasse in mg	5,00	*≈ 4,60*	*≈ 4,23*	*≈ 3,89*	*≈ 3,58*	*≈ 3,30*

1.1 Ein Bus kostet 500 000 €. Er verliert jährlich 25% seines Zeitwertes. Berechne den Zeitwert nach
a) 3 Jahren,   b) 5 Jahren.

1.2 Eine Computeranlage kostet 1 500 €. Der Wertverlust beträgt jährlich 40%. Berechne den Wert nach 3 Jahren.

2.1 Berechne mit den Angaben aus Aufgabe 2 die Beleuchtungsstärken in a) 8 m,   b) 10 m und   c) 20 m Wassertiefe.

3.1 Berechne mit den Angaben aus Aufgabe 3 die Wassertemperatur nach   a) 10 min,   b) 30 min.

•4.1 a) Setze die Tabelle aus Aufgabe 4 fort bis 10 Tage.
b) Nach wie vielen Tagen sind ungefähr noch 2,5 mg „strahlende" Jodmasse vorhanden?

•4.2 Anfangs sind 16 mg Jod 131 vorhanden. Berechne die restliche „strahlende" Jodmenge nach 10, 15 und 20 Tagen.

•4.3 Von radioaktivem Strontium 90 zerfällt jährlich 2,5% des strahlenden Materials.
a) Anfangs sind 100 mg Strontium 90 vorhanden. Wie viel mg Strontium 90 „strahlt" noch nach 10, 20, 30, 40 und 50 Jahren?
b) Nach ungefähr wie vielen Jahren „strahlen" noch 25 mg?

Wachstumsprozesse

4 Zinseszinsen berechnen

1 Berechne für das Beispiel im Kasten das Kapital K nach 5 Jahren.

(1) K = *15 000 €*   p% = *6%*

   q = *1,06*   n = *5*

(2) *$K_n = K_0 \cdot q^n$*

(3) *$15\,000 \cdot 1{,}06^5$*

(4) *$K_5 = 20\,073{,}38\,€$*

Zinseszinsen berechnen	Ein Kapital von 15 000 € wird 3 Jahre zu 6% verzinst. Die Zinsen werden mitverzinst.
(1) Anfangskapital Zinssatz Zinsfaktor Anzahl der Zinsjahre	K_0 = 15 000 € p% = 6% q = 1,06 n = 3
(2) Formel notieren	$K_n = K_0 \cdot q^n$
(3) Werte einsetzen, berechnen	[TR] $15\,000 \cdot 1{,}06^3$
(4) Ergebnis notieren	K_3 = 17 865,24 €

2 Bestimme die Zinsfaktoren q und q^n. Schreibe als Dezimalbruch.

a) p% = 5%   b) p% = 4%   c) p% = 8,5%
   n = 4   n = 6   n = 3

q = *1,05*   q = *1,04*   q = *1,085*

$q^4 ≈$ *1,216* $q^6 ≈$ *1,265* $q^3 ≈$ *1,277*

3 Berechne das Kapital K_n.

a) K_0 = 5 000 €   b) K_0 = 2000 €   c) K_0 = 8000 €
   p% = 4%   p% = 3%   p% = 7,5%
   n = 6   n = 2   n = 8

$K_6 = 6326{,}60\,€$ *$K_2 = 2121{,}80\,€$*   *$K_8 = 14\,267{,}82\,€$*

•4 Ein Kapital K_0 soll in 5 Jahren auf 10 000 € anwachsen. Wie viel Euro müssen bei einem Zinssatz von p% = 6% angelegt werden?

(2) $K_n = K_0 \cdot q^n$ | : q^n (3) *$K_0 = 10\,000\,€ : 1{,}06^5$*

K_0 = *$K_n : q^n$*   (4) *$K_0 ≈ 7472{,}58\,€$*

•5 a) Berechne q^n für p% = 8% und n = 7, 8, … . Runde auf eine Stelle nach dem Komma.

n	7	8	⑨	10	11	12
q^n	*1,7*	*1,9*	*2,0*	*2,2*	*2,3*	*2,5*

b) Bei welchem n gilt $q^n ≈ 2 \cdot q$? Kreise das n ein.

Zinseszinsformel (Zinsen werden mitverzinst)

$K_n = K_0 \cdot q^n$

mit q = (1 + p%)

K_0 Anfangskapital
p% Zinssatz
q Zinsfaktor (Wachstumsfaktor)
n Anzahl der Zinsjahre
K_n Endkapital nach n Jahren

Zinsfaktor bestimmen

Zinssatz p% = 4%, Anzahl der Jahre n = 3

q = 100% + 4%
  = 104%
  = 1,04

$q^3 = 1{,}04^3$
    = 1,124864

1.1 Berechne K_n.
a) K_0 = 2000 €; p% = 8%; für n = 3 Jahre, 5 Jahre, 10 Jahre.
b) K_0 = 5000 €; p% = 4%; für n = 2 Jahre, 6 Jahre, 8 Jahre.

2.1 Bestimme die Zinsfaktoren q und q^n.
a) p% = 3%   b) p% = 6%   c) p% = 4,5%   d) p% = 5,8%
   n = 4   n = 3   n = 6   n = 5

3.1 Berechne das Kapital K_n.
a) K_0 = 12 000 €   b) K_0 = 7000 €   c) K_0 = 8500 €
   p% = 7%   p% = 4%   p% = 3%
   n = 8   n = 5   n = 4

3.2 2500 € werden für 6 Jahre mit 7% Zinsen angelegt.
a) Berechne K_n.   b) Vergleiche K_n mit K_0.

•3.3 5000 € werden angelegt und zu 8% verzinst.
a) Berechne nacheinander $K_1, K_2, K_3, … K_{10}$.
b) Nach wie vielen Jahren hat sich das Kapital ungefähr verdoppelt?

•4.1 Berechne das Anfangskapital K_0.
a) K_n = 8000 €; p% = 7%; n = 4
b) K_n = 15 000 €; p% = 4%; n = 10

•5.1 Nach wie vielen Jahren ist $K_n ≈ 2 \cdot K_0$ bei p% = 6%?

Wachstumsprozesse

5 NT Lineares und exponentielles Wachstum

1 a) Starte ein Computerprogramm für den Mathematikunterricht. Wähle im Menü aus: Funktionen ...

b) Stelle auf dem Bildschirm dar:
① $f(x) = 2x$ ② $f(x) = 2^x$

c) Welche Funktion beschreibt lineares, welche exponentielles Wachstum?

lineares Wachstum	exponentielles Wachstum
$y = 2x$	*$y = 2^x$*

d) Lass die Graphen ausdrucken.

e) Färbe auf der x-Achse alle x, für die gilt: $2x = 2^x$ (rot); $2x > 2^x$ (grün); $2x < 2^x$ (blau).

Funktionen auf dem Bildschirm darstellen:

2 Untersuche wie in Aufg. 1 die Funktionen:
a) ② $f(x) = 2^x$ ③ $f(x) = x + 2$
b) ④ $f(x) = x^2$ ② $f(x) = 2^x$

lineares Wachstum	exponentielles W.
$y = x + 2$	*$y = 2^x$*
exponentielles W.	**quadratisches W.**
$y = 2^x$	*$y = x^2$*

Funktion
Schreibweise von Funktionen
$x \rightarrow 2x$
als Gleichung
$y = 2x$ oder
$f(x) = 2x$

3 Fülle die Tabelle aus für $K_0 = 4000$ €; $p\% = 5\%$ und $n = 4$.

Anzahl der Jahre n	0	1	2	3	4
Kapital mit Jahreszinsen K_j	*4000 €*	*4200 €*	*4400 €*	*4600 €*	*4800 €*
Kapital mit Zinseszinsen K_n	*4000 €*	*4200 €*	*4410 €*	*4630,50 €*	*4862,03 €*

Kapital K_j mit Jahreszinsen Z in n Jahren

$K_j = K_0 + Z \cdot n$

Kapital K_n mit Zinseszinsen in n Jahren

$K_n = K_0 \cdot q^n$

mit $q = (1 + p\%)$

4 Schreibe mithilfe eines Tabellenkalkulationsprogrammes ein Programm, mit dem die Entwicklung eines Kapitals
– mit Jahreszinsen K_j
– mit Zinseszinsen K_n
ausgedruckt und verglichen werden kann.

a) Wertzuweisung für die Zelle C3
   1. Zeiger auf C3
   2. Formel eingeben: 1 + C2/100
   3. Mit <RETURN> abschließen.

	A	B	C
1	Kapital	$K_0 =$	4000
2	Zinssatz	$p =$	5
3	Zinsfaktor	$q =$	*1,05*
4	Laufzeit	$n =$	6
5	n	K_j	K_n
6	0	4000 €	4000 €
7	1		
8	2		

Zeichen bei Wertzuweisung

addieren
A1 + A2

subtrahieren
A1 − A2

multiplizieren
A1 * A2

dividieren
A1 / A2

b) Notiere die Zuweisung für die Zelle B7.

*C1 * C3*

c) Notiere die Zuweisung für die Zelle C7.

*C1 * C3*

d) Notiere die Zuweisung für die Zelle B8.

*B7 + C1 * C2 / 100*

e) Notiere die Zuweisung für die Zelle C8.

*C7 * C3*

5 Ändere K_0 ab in 6000 €. Lies das Kapital K_j und K_n nach 4 Jahren ab.

$K_j =$ *7200 €* $K_n =$ *7293,04 €*

6 Setze $K_0 = 4000$ €; $p = 7,5$. Lies das Kapital K_j und K_n nach 4 Jahren ab.

$K_j =$ *5200 €* $K_n =$ *5341,88 €*

10 Sachthemen

1 Ökologischer Wert von Bäumen

Eine alte Buche soll gefällt werden. Wie viele junge Bäume können den alten Baum „ökologisch" ersetzen? Die jungen Bäume sollen zusammen die gleiche Menge Kohlendioxid aufnehmen wie der alte Baum.
Für eine Abschätzung nehmen wir an:
– die Baumkronen sind kugelförmig
– innerhalb der Baumkrone sind die Blätter gleichmäßig dicht verteilt.

Ökologischer Wert von Pflanzen
Pflanzen (Bäume, Sträucher, ...) nehmen über die Blätter Kohlendioxid auf. Sie „produzieren" Sauerstoff, den sie an die Luft abgeben.

1 a) Berechne das Kronenvolumen V_a der alten Buche; Kronendurchmesser $d_a = 12$ m.

(1) Formel $V_a = \frac{1}{6} \cdot \pi \cdot d_a^3$

(2) Rechnung $V_a = \frac{1}{6} \cdot \pi \cdot (12\ m)^3$

               $V_a \approx 900\ m^3$

b) Berechne das Kronenvolumen V_j eines jungen Baumes; Kronendurchmesser $d_j = 2$ m.

(1) Formel $V_j = \frac{1}{6} \cdot \pi \cdot d_j^3$

(2) Rechnung $V_j = \frac{1}{6} \cdot \pi \cdot (2\ m)^3$

               $V_j \approx 4\ m^3$

 zu 1
Kugel

 zu 2
Zylinder

c) Vergleiche! Für die Anzahl a der jungen Bäume, die den alten Baum ersetzen, gilt: $V_a = a \cdot V_j$. Berechne a.

(1) $V_a = a \cdot V_j$ $| : V_j$ (2) $a = \frac{900\ m^3}{4\ m^3}$

   $a = \frac{V_a}{V_j}$ $a \approx 230$

d) Ein junger Baum kostet 250 €. Welchen Geldwert W besitzt demnach der alte Baum mit dem Kronendurchmesser $d_a = 12$ m?

$W = 250\ € \cdot 230$

$W \approx 60\ 000\ €$

Der Baum als „chemische" Fabrik

2 a) Zur Berechnung des Holzvolumens wird angenommen, dass der Baumstamm zylinderförmig ist. Berechne das Holzvolumen für die alte Buche aus Aufgabe 1. Radius des Stamms $r = 0,3$ m, Stammhöhe $k = 8$ m.

(1) Formel $V = r^2 \cdot \pi \cdot k$

(2) Rechnung $V = (0,3\ m)^2 \cdot \pi \cdot 8\ m$

               $V \approx 2,3\ m^3$

b) Welchen Holzwert H hat dieser Baum, wenn für 1 m³ Holz 200 € erzielt werden können?

$H \approx 200\ € \cdot 2,3 = 460\ €$

c) Vergleiche den Holzwert des Baumes mit seinem ökologischen Wert.

Der ökologische Wert in € ist ungefähr das 130fache des Holzwertes.

Buche   80 Jahre
Kronen-
durchmesser 15 m
bedeckte
Standfläche 160 m²
Höhe   25 m
Zahl
der Blätter 800 000
gesamte Blatt-
oberfläche   1600 m²
Holzmenge   15 m³
Holz-Trocken-
gewicht   12 t
Kohlendioxid-
verbrauch
pro h   2352 g
Wasser-
verarbeitung
pro h   960 g
Sauerstoff-
erzeugung
pro h   1712 g
deckt den Sauer-
stoffbedarf von
10 Menschen

3 Die alte Buche (Kronendurchmesser $d_a = 12$ m) hat ungefähr 400 000 Blätter. Diese „produzieren" ungefähr 850 g Sauerstoff in der Stunde; damit können 5 Menschen mit Sauerstoff versorgt werden.
Berechne die Werte für 50 junge Buchen (Kronendurchmesser $d_j = 2$ m).

	Kronen-volumen	Anzahl der Blätter	Sauerstofferzeu-gung je Stunde	deckt den Sauer-stoffbedarf von
alte Buche ($d_a = 12$ m)	≈ 900 m³	≈ 400 000	≈ 850 g	≈ 5 Menschen
50 junge Buchen ($d_j = 2$ m)	≈ 200 m³	≈ 90 000.	≈ 200 g	≈ 1 Mensch

Sachthemen

2 Verkehrsdichte

Ein Redakteur einer Zeitschrift will eine Übersicht zum Thema „Brauchen wir noch mehr Straßen?" erstellen.

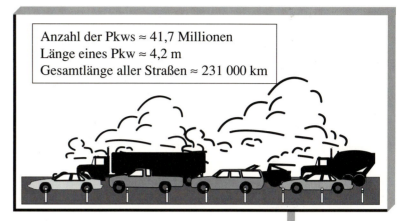

Anzahl der Pkws ≈ 41,7 Millionen
Länge eines Pkw ≈ 4,2 m
Gesamtlänge aller Straßen ≈ 231 000 km

1 Schreibe mit Zehnerpotenzen in der Form $a \cdot 10^b$.
a) Anzahl der Pkw

$41\,700\,000 = 4{,}17 \cdot 10^7$

b) Gesamtlänge s der Straßen

$s = 2{,}31 \cdot 10^5$ km

2 Berechne die Länge *l* der Autoschlange in km (ohne Abstand zwischen den Autos).

$l = 4{,}2$ m $\cdot\ 4{,}17 \cdot 10^7$

$l \approx 1{,}75 \cdot 10^8$ m $= 1{,}75 \cdot 10^5$ km

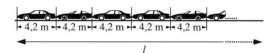

3 Berechne den Abstand a zwischen den Autos in der Schlange, wenn man die Autos gleichmäßig auf alle Straßen verteilt.
a) Berechne zunächst die Differenz zwischen Straßenlänge und Länge der Autoschlange (ohne Abstand).

$d = 2{,}31 \cdot 10^5$ km $- 1{,}75 \cdot 10^5$ km

$d = 0{,}56 \cdot 10^5$ km $= 5{,}6 \cdot 10^4$ km

b) Berechne den Abstand zwischen den Autos in der Autoschlange.

$a = 5{,}6 \cdot 10^4$ km $: (4{,}17 \cdot 10^7)$

$a \approx 1{,}34 \cdot 10^{-3}$ km $= 1{,}34$ m

4 Eine Familie prüft, ob sie auf den Pkw verzichten kann. Dafür macht sie folgende Modellrechnung:
Preis für den Neuwagen: 25 000 €
Jahreskilometerleistung: 20 000 km
Nutzung des Pkw: 5 Jahre
In einer Zeitschrift steht: Rechnet man alle Kosten (Treibstoff, Steuern, Reparaturen, ...) auf die zurückgelegten km um, so ergeben sich 0,30 €/km.
a) Berechne im Kopf die Gesamtkosten einschließlich Anschaffung.

Gesamtkosten: *55 000 €*

b) Für eine Fahrt mit dem Taxi muss man ungefähr 1,50 € für jeden gefahrenen km ansetzen. Wie viel km kann man für die Kosten aus a) mit dem Taxi zurücklegen?

Taxikilometer: *37 000 km*

5 Für eine Bahnfahrt kann in der 2. Klasse 0,15 € für jeden Bahn-Kilometer angenommen werden.
a) Wie viel Bahn-Kilometer können für die Kosten aus 4 a) zurückgelegt werden?

Bahn-Kilometer: ≈ *370 000 km*

b) Vergleiche diese Strecke mit der Länge des Äquators (40 000 km).

ca. 9mal um den Äquator

c) Wie viel Euro kosten für eine Familie (2 Erwachsene, 2 Kinder – 7 und 12 Jahre) 100 000 km mit der Bahn?

ca. 45 000 €

d) Vergleiche mit Aufgabe 4.

Das Bahnfahren ist günstiger.

$60\,000 = 6 \cdot 10^4$
$0{,}09 = 9 \cdot 10^{-2}$
1 km $= 10^3$ m

Aus der Statistik des Kfz-Bundesamtes (Stand: 1999)

Pkw 41,7 Mill.
Krafträder 3,0 Mill.
Lkw und Omnibusse 2,17 Mill.

Straßen
gesamt: 231 000 km
Autobahn: 11 300 km
andere Straßen: 219 700 km

 zu 5

Bahntarife
Kinder (6 – 12 J.): 50% Ermäßigung

Bei einer Familien-Bahn-Card erhalten alle Familienmitglieder eine Ermäßigung von 50% auf den normalen Fahrpreis.

73

Sachthemen

3 Energiesparlampen

Familie Spar überlegt, alle herkömmlichen Lampen durch Energiesparlampen zu ersetzen. Sie haben in ihrer Wohnung fünfzehn 60-Watt-Lampen und zwölf 100-Watt-Lampen. Während eines Jahres sind alle Lampen im Durchschnitt täglich zwei Stunden im Betrieb.

Welche Einsparung können sie durch den Tausch der Glühbirnen im Jahr erzielen?

Herkömmliche Lampen			Energiesparlampen (Typ A)	
Leistung	Preis/Stück	sind gleich- hell	Leistung	Preis/Stück
40 W	0,75 €		7 W	3,50 €
60 W	0,90 €		11 W	5,50 €
100 W	1,00 €		20 W	7,00 €
Lebensdauer ≈ 1000 Stunden			Lebensdauer ≈ 8000 Stunden	

Eine Kilowattstunde (kWh) kostet einschließlich aller Gebühren und Steuern 0,15 €.

1 Energiesparlampen

a) Berechne die Leistung in kW von allen Energiesparlampen in der Wohnung.

15 · 11 W + 12 · 20 W = 405 W = 0,405 kW

b) Berechne den Stromverbrauch in kWh im Jahr bei täglich zwei Betriebsstunden.

0,405 kW · 2 h · 365 = 295,65 kWh

c) Berechne die Stromkosten für ein Jahr.

295,65 kWh · 0,15 € = 44,35 €

d) Berechne die Ausgaben für den einmaligen Kauf aller Sparlampen.

15 · 5,50 € + 12 · 7,00 € = 166,50 €

e) Nach wie vielen Jahren müssen die Sparlampen bei zwei Betriebsstunden ausgewechselt werden?

8 000 h : 2 h pro Tag = 4 000 Tage

4 000 h : 365 ≈ 11 Jahre

f) Berechne die Stromkosten für die in Aufgabe 1e berechnete Anzahl der Jahre.

44,35 € · 11 = 487,85 €

g) Berechne die Gesamtausgaben (Kauf der Sparlampen und Stromkosten).

166,50 € + 487,85 € = 654,35 €

2 Herkömmliche Lampen

a) Berechne die Leistung in kW von allen herkömmlichen Lampen.

15 · 60 W + 12 · 100 W = 2100 W = 2,1 kW

b) Berechne den Stromverbrauch in kWh im Jahr bei täglich zwei Betriebsstunden.

2,1 kW · 2 h · 365 = 1533 kWh

c) Berechne die Stromkosten für ein Jahr.

1533 · 0,15 € = 229,95 €

d) Berechne die Ausgaben für den einmaligen Kauf aller herkömmlichen Lampen.

15 · 0,90 € + 12 · 1,00 € = 25,50 €

e) In 11 Jahren muss man die herkömmlichen Lampen **achtmal** auswechseln. Berechne die Ausgaben für den Kauf dieser herkömmlichen Lampen.

25,50 € · 8 = 204,00 €

f) Berechne die Stromkosten der herkömmlichen Lampen für 11 Jahre.

11 · 229,95 € = 2529,45 €

g) Berechne die Gesamtausgaben (Kauf der herkömmlichen Lampen und Stromkosten).

204,00 € + 2529,45 € = 2733,45 €

3 Vergleiche die Gesamtausgaben in Aufgabe 1g und 2g.

a) Berechne die Einsparungen nach 11 Jahren. Runde auf ganze Euro.
b) Berechne die durchschnittliche Einsparung für ein Jahr.

a) Einsparungen nach 11 Jahren 2079 €.   *b) Einsparungen für ein Jahr 189 €.*

Leistung
1 W (Watt)
1 kW (Kilowatt)
= 1000 W
1 MW (Megawatt)
= 1000 kW

Energieverbrauch
1 kWh = 1000 Wh
kWh (Kilowattstunde)
Wh (Wattstunde)

Stromverbrauch berechnen
Eine 60-Watt-Lampe mit 400 Betriebsstunden:
60 W · 400 h = 24000 Wh
24000 Wh = **24 kWh**

Stromkosten dafür berechnen
1 kWh kostet 0,15 €
24 · 0,15 € = 3,60 €

Der Glühdraht einer **herkömmlichen Lampe** besteht aus Wolfram (Schmelzpunkt ca. 3000 °C).

Sparlampen sind Leuchtstofflampen, die Licht auf chemischem Wege erzeugen. Man sollte sie nicht dauernd ein- und ausschalten. Sie sind als Sondermüll in der Schadstoffsammlung zu entsorgen.

Sachthemen

4 Müllgebühren

Familie Zech lässt alle 14 Tage die volle 120-Liter-Mülltonne leeren. Berechne die jährlichen Müllgebühren.

1 a) Notiere die jährliche **Grundgebühr.**   37,50 €

b) Bestimme die Anzahl der Leerungen und berechne die jährliche **Leerungsgebühr.**

26 Leerungen

26 · 1,60 € = 41,60 €

c) Berechne die jährliche Restmüllmenge in Litern und danach das Müllgewicht in kg.

120 ℓ · 26 = 3120 ℓ

3120 ℓ · 0,350 kg/ℓ = 1092 kg

d) Berechne die **Gewichtsgebühr** für ein Jahr.

1092 · 0,25 € = 273,00 €

e) Berechne die **Müllgebühren** für ein Jahr.

37,50 € + 41,60 € + 273,00 € = 352,10 €

Die Müllgebühren werden in Emden nach Gewicht und Anzahl der Leerungen berechnet.

Die Kosten setzen sich zusammen aus
– **Grundgebühr** jährlich 37,50 €
– **Leerungsgebühr** 1,60 € pro Leerung
  Mindestens 12 Leerungen im Jahr verbindlich.
– **Gewichtsgebühr** 0,25 € pro kg
  1 Liter Restmüll wiegt ungefähr 350 g.

Herr Zech legt ein Rechenblatt mit Hilfe einer Tabellenkalkulation an. In Fig. 1 stehen die Grunddaten.

Fig. 1

	A	B	C
1	1 Liter Müll wiegt	0,35	kg
2	Größe der Mülltonne	120	ℓ
3	Anzahl der Leerungen	26	
4	Jährl. Grundgebühr	37,50	€
5	Eine Leerung kostet	1,60	€
6	1 kg Müll kostet	0,25	€

Jedes einzelne Müllgefäß wird mit einem Strichcode identifiziert und vor und nach der Leerung gewogen. Die Daten werden vom Bordrechner des Müllwagens gespeichert und nach der Sammeltour zur Datenerfassung weitergegeben.

2 In der Zeile 9 des Rechenblattes von Fig. 2 werden die jährlichen Müllgebühren berechnet. Notiere in den Zellen G9, H9 und I9 die vollständigen Formeln und Ergebnisse.

Fig. 2

	A	B	C	D	E	F	G	H	I	J
8	Abnahme in %	Faktor	Müllmenge in Liter	Müllgewicht in kg	Grundgebühr	Anzahl der Leerungen	Leerungsgebühr	Gewichtsgebühr	jährl. Gesamtgebühr	Einsparung in €
9			=B2*B3 (3120)	=C9*B1 (1092)	=B4 (37,50)	26	*=F9*B5* (41,60)	*=D9*B6* (273,00)	*=E9+G9+H9* (352,10)	
10	20	*0,8*	=C9*B10 (2496)	=C10*B1 (873,6)	=B4 (37,50)	=Ganzzahl(C10/B2)+1 (21)	=F10*B5 (33,60)	=D10*B6 (218,40)	=E10+G10+H10 (289,50)	=I9−I10 (62,60)
11	30	*0,7*	*=C9*B11* (2184)	*=C11*B1* (764,4)	*=B4* (37,50)	*=Ganzzahl(C11/B2)+1* (19)	*=F11*B5* (30,40)	*=D11*B6* (191,10)	*=E11+G11+H11* (259,00)	*=I9−I11* (93,10)

zu Zelle F10/F11
Ganzzahl
Mit dieser Funktion erhält mach ein Ergebnis ohne Dezimalstellen.

Durch +1 erhält man die erforderliche Anzahl der Leerungen.

3 Familie Zech will einen Komposter anlegen, um die jährlichen Kosten zu reduzieren. In den Zellen A10 und A11 gibt Herr Zech die erwartete prozentuale Abnahme ein.
a) Schreibe in die Zellen B10 und B11 von Fig. 2 den Faktor für die prozentuale Abnahme.
b) Berechne alle fehlenden Werte in der Tabelle (Fig. 2).
c) Schreibe in die Zellen J10 und J11 die Formeln zur Berechnung der Einsparung in Euro.
d) Berechne in den Zellen K10 und K11 die prozentuale Einsparung.

	K
10	*= J10/I9 * 100 (− 17,8 %)*
11	*= J11/I9 * 100 (− 26,4 %)*

zu 3
Prozentuale Abnahme um 20 %

100% − 20% = 80%
80% = 0,80
Faktor 0,80

Sachthemen

5 Stromabrechnung

1 Die Stromabrechnung für Familie Tunck wird nach dem City-Tarif berechnet. Der Zählerstand wird am 31. 03. 2002 abgelesen: 62 294.
Trage den Zählerstand in die Verbrauch-Ermittlung (Fig. 1) ein und berechne den Verbrauch in kWh.

Die **Stromabrechnung** besteht aus
– der **Verbrauchsermittlung** und
– der **Stromkostenermittlung.**

Die Stromkosten-Ermittlung ist vom Verbrauch und vom Tarif abhängig.

Stromkosten	City-Tarif
Arbeitspreis	0,10 € je kWh
Grundpreis	jährlich 84,00 €
Stromsteuer	0,015 € je kWh
Umsatzsteuer	16 % auf alle Beträge

Verbrauchsermittlung　Fig. 1

von	bis	Zählerstand alt	Zählerstand neu	Verbrauch in kWh
01. 04. 01	31. 03. 02	60 044	*62 294*	*2 250*

2 Berechne die Stromkosten und trage sie in die Stromkostenermittlung (Fig. 2) ein.

a) den Arbeitspreis,　　　　b) die Stromsteuer,

2250 kWh · 0,10 €/kWh = 225,00 €　　*2250 kWh · 0,015 €/kWh = 33,75 €*

c) den Nettobetrag (Arbeitspreis + Grundpreis + Stromkosten),

225,00 € + 84,00 € + 33,75 € = 342,75 €

d) die Umsatzsteuer, 16 % vom Nettobetrag,　　e) die Stromkosten.

342,75 € · 0,16 = 54,84 €　　　*342,75 € + 54,84 € = 397,59 €*

Stromkostenermittlung　Fig. 2

Verbrauch in kWh	€ je kWh	Arbeitspreis in €	Grundpreis in €	Stromsteuer in €	Nettobetrag in €	Umsatzsteuer in %	Umsatzsteuer in €	Stromkosten in €
2250	0,10	*225,00*	84,00	*33,75*	*342,75*	16,00	*54,84*	*397,59*

Stromsteuer
Ab 01. 01. 2001 0,015 € je verbrauchte kWh.
Bis 2003 steigt die Stromsteuer jährlich um 0,0025 €.

3 Lege wie Herr Tunck ein Rechenblatt in einer Tabellenkalkulation (Fig. 3 und Fig. 4) an.

a) In Zeile 2 werden die Stromkosten nach dem City-Tarif berechnet. Notiere in den Zellen C2, E2, F2, H2 und I2 die vollständigen Formeln und berechne.

b) Herr Tunck überlegt den Stromanbieter zu wechseln und „Billig-Strom" (Fig. 5) zu wählen. Notiere die Formeln in Zeile 3 und berechne.

	A	B	C
1	Verbrauch in kWh	€ je kWh	Arbeitspreis in €
2	2250	0,10	*=A2*B2 (225,00)*
3	2250	*0,07*	*=A3*B3 (157,50)*

Fig. 3

 zu 3b

Billig-Strom
Arbeitspreis je kWh 0,07 €
Grundpreis jährlich 225,00 €
Stromsteuer 0,015 € je kWh
Umsatzsteuer bereits enthalten

Fig. 5

Fig. 4

	D	E	F	G	H	I
1	Grundpreis in €	Stromsteuer in €	Nettobetrag in €	Umsatzsteuer in %	Umsatzsteuer in €	Stromkosten in €
2	84,00	*=A2*0,015 (33,75)*	*=C2+D2+E2 (342,75)*	0,16	*=F2*G2 (54,84)*	*=F2+H2 (397,59)*
3	*225,00*	*=A3*0,015 (33,75)*	*=C3+D3+E3 (416,25)*	*0,00*	*=F3*G3 (0,00)*	*=F3+H3 (416,25)*

4 a) Vergleiche die Beträge der Tarife.　　*Der City-Tarif ist günstiger.*

b) Berechne die Einsparung in € und in Prozent.　*Einsparung 18,66 €, d. h. 4,5 %.*

Sachthemen

6 Kosten fürs Auto

1 a) Färbe in der Kostenübersicht
grün: Festkosten; rot: Betriebskosten;
blau: Gesamtstrecke;
gelb: Gesamtverbrauch.

Berechne
b) die Summe
der Festkosten   *8 713 €*

c) die Summe
der Betriebskosten   *7 726 €*

d) die Gesamtkosten   *16 439 €*

e) die Kosten pro km
$\frac{16\,439}{82\,055}$ € ≈ 0,20 €

f) den Verbrauch auf 100 km.
4 677 ℓ : $\frac{82\,055}{100}$ ≈ 5,7 ℓ

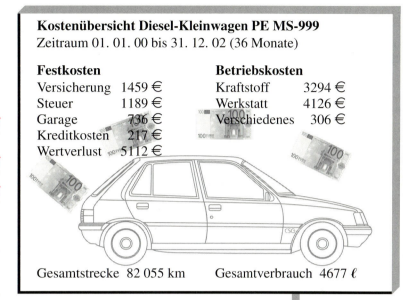

Kostenübersicht Diesel-Kleinwagen PE MS-999
Zeitraum 01. 01. 00 bis 31. 12. 02 (36 Monate)

Festkosten		Betriebskosten	
Versicherung	1459 €	Kraftstoff	3294 €
Steuer	1189 €	Werkstatt	4126 €
Garage	736 €	Verschiedenes	306 €
Kreditkosten	217 €		
Wertverlust	5112 €		

Gesamtstrecke 82 055 km   Gesamtverbrauch 4677 ℓ

2 a) Berechne für das Beispiel im Kasten,
wie hoch die Kosten pro km für
eine Gesamtstrecke von 20 000 km,
30 000 km, 40 000 km, 50 000 km sind.
Rechne dabei mit einem Verbrauch von
5,7 ℓ pro 100 km und einem Kraftstoffpreis
für Diesel von 0,819 € pro Liter.
b) Trage die Werte in das Achsenkreuz ein
und verbinde die Punkte.

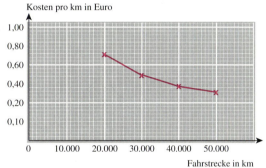

Festkosten
– Versicherungen
– Steuer
– Garagenkosten
– Kreditkosten
– Wertverlust

Betriebskosten
– Kraftstoffkosten
– Werkstattkosten
– Pflegekosten
– Reifenkosten
– usw.

Gesamtstrecke in km	20 000	30 000	40 000	50 000
Festkosten in €	8713	8713	*8713*	*8713*
Kraftstoffkosten in €	*934*	*1400*	*1867*	*2334*
Betriebskosten in €	*5366*	5832	*6299*	*6766*
Gesamtkosten in €	*14 079*	*14 545*	*15 012*	*15 479*
Kosten pro km in €	*0,70*	*0,48*	*0,38*	*0,31*

Prozentrechnung

3 Stelle im Kreisdiagramm dar, wie sich bei 20 000 km
die Gesamtkosten prozentual auf die Festkosten und die
Betriebskosten verteilen.

	in Euro	in %	Winkelgröße
Festkosten	*8713*	*61,9*	*223°*
Betriebskosten	*5366*	*38,1*	*137°*
Gesamtkosten	*14 079*	*100,0*	*360°*

Kreisdiagramm
1% entspricht 3,6°

Überprüfe wie im
Beispiel die Kosten
des Pkw deiner
Eltern. Berechne
die Kosten für ein
Jahr.

77

Sachthemen

7 Autoversicherung

1 a) Die Versicherungsbeiträge haben sich geändert. Färbe in der Betragsrechnung (Fig. 1) den neuen Betrag ab 01. 01. 2002
grün: die Kfz-Haftpflicht,
gelb: die Vollkasko-Versicherung,
rot: die Schadensfreiheitsklasse.
b) Berechne den neuen Gesamtbetrag und trage ihn in die Tabelle ein.
c) Berechne den bisherigen Gesamtbetrag und trage ihn in die Tabelle ein.
d) Um wie viel Euro und um wie viel Prozent ändert sich der Beitrag?   + 30,90 €   + 7,6 %

Die Beitragsrechnung zur Kraftfahrzeug-Versicherung setzt sich aus der **Kfz-Haftpflicht– (KH)** und der **Vollkasko– (VK)** Versicherung zusammen.

Der Beitrag ist abhängig von der Einstufung in die **Schadensfreiheitklasse (SF)**. Eine *Höherstufung* erfolgt jeweils nach einjährigem unfallfreien Fahren, eine *Rückstufung* nach Unfällen (siehe Fig. 6). Die SF bestimmt den **Beitragssatz** in Prozent.
Jedem Kfz wird eine **Typklasse** zugeordnet, je höher die Typklasse, je häufiger ist statistisch der Kfz-Typ in einen Unfall verwickelt.

Fig. 1

	Kfz-Haftpflicht KH		Vollkasko VK		Gesamtbetrag	
	bisher	ab 01. 01. 2002	bisher	ab 01. 01. 2002	bisher	ab 01. 01. 2002
	SF 18	SF 19	SF 22	SF 23		
Beitragssatz	30 %	30 %	30 %	30 %		
Regionalklasse	B1	B1	B1	B1		
Typklasse	21	20	28	28		
Jahresbeitrag in € inkl. 15 % Vers.-Steuer	131,75	135,00	275,85	303,50	*407,60*	*438,50*

Die Ermittlung des Beitrags ist von vielen Faktoren abhängig:

Fahrzeugalter
bei Zulassung
0 Jahre
1 bis 3 Jahre
4 bis 6 Jahre
7 bis 20 Jahre
ab 21 Jahre

Regionalklasse

Jahresfahrleistung
bis 12 000 km
bis 17 000 km
bis 22 000 km
über 22 000 km

Vollkasko und **Teilkasko** mit und ohne Selbstbeteiligung

Vorzugstarife für Einzelfahrer Garage Hauseigentümer

2 Maik bekommt ein Auto (Typklasse 17) und beginnt als Fahranfänger in der Schadensfreiheitsklasse 0.
Berechne, wie viel Maik bezahlt.

Fig. 2

	KH	VK
a) in SF 1 (100 %)	662,30 €	763,50 €
b) als Fahranfänger in SF 0 in Prozent	230 %	190 %
c) in SF 0	662,30 € · 2,3 = 1523,29 €	763,50 € · 1,9 = 1450,65 €
d) nach einem halben Jahr unfallfrei in SF ½ eingestuft	SF ½ (140 %) 662,30 € · 1,4 = 927,22 €	SF ½ (115 %) 763,50 € · 1,15 = 878,03 €

Fig. 3

Beiträge SF 1 = 100 %
Regionalklasse B1
Jahresfahrleistung bis 12 000 km
Vollkasko mit 500 € Selbstbeteiligung

Typklasse	KH	VK
15	596,40 €	579,80 €
17	662,30 €	763,50 €
19	739,20 €	871,80 €
21	847,10 €	1036,20 €

Fig. 5

Beitragssätze für Pkw		
in Klasse	KH	VK
SF 22–25	30 %	30 %
SF 18–21	35 %	30 %
SF 16–17	35 %	35 %
SF 14–15	40 %	35 %
SF 12–13	40 %	40 %
SF 9–11	45 %	45 %
SF 8	50 %	50 %
SF 7	50 %	55 %
SF 6	55 %	60 %
SF 5	55 %	65 %
SF 4	60 %	70 %
SF 3	70 %	80 %
SF 2	85 %	90 %
SF 1	**100 %**	**100 %**
SF ½	140 %	115 %
S	155 %	– %
0	230 %	190 %
M	245 %	– %

3 Frau Botzet fährt ein Auto der Typklasse 21. Sie ist in SF 14 eingestuft.
Berechne den Jahresbeitrag.

Fig. 4

	KH	VK
a) ohne Unfall	847,10 € · 0,4 = 338,74 €	1036,20 € · 0,35 = 362,67 €
b) nach einem Schadensfall, bestimme zunächst die SF	SF 6 (55 %) 847,10 € · 0,55 = 465,91 €	SF 8 (50 %) 10,36,20 € · 0,5 = 518,10 €
c) nach 2 Schäden, bestimme zunächst die SF	SF 2 (85 %) 847,10 € · 0,85 = 720,04 €	SF 4 (70 %) 1036,20 € · 0,7 = 725,34 €
d) nach 5 Schäden, bestimme die SF	M (245 %) 847,10 € · 2,45 = 2075,40 €	0 (190 %) 1036,20 € · 1,9 = 1968,78 €

zu 3
Rückstufung im Schadensfall aus SF 14

Fig. 6

Anzahl Schäden	KH	VK
1	SF 6	SF 8
2	SF 2	SF 4
3	SF ½	SF 1
4 und mehr	M	0

8 Sparen

1 Frau Freese hat einen Bausparvertrag mit vermögenswirksamen Leistungen abgeschlossen. Sie zahlt monatlich 27,50 €.

Fülle die Tabelle aus. Fig. 1

	für ein Jahr	für 7 Jahre
a) Eigener Sparbetrag (2/3)	12 · 27,50 = 330,00 €	2310,00 €
b) Arbeitgeberanteil (1/3)	165,00 €	1155,00 €
c) Arbeitnehmersparzulage	49,50 €	346,50 €
d) Guthabenzinsen		521,55 €
e) Gesamtguthaben		4333,05 €

Bausparverträge mit VL (vermögenswirksame Leistungen) haben eine **Laufzeit** von mindestens **sieben Jahren**. Will man die Arbeitnehmersparzulage erhalten, darf der jährliche Jahressparbetrag 500 € nicht übersteigen.

Man zahlt selbst monatlich einen Sparbetrag ein.	Der **eigene Sparbetrag** beträgt z. B. 2/3 des Jahressparbetrages.
Der Arbeitgeber bezahlt monatlich einen Anteil dazu.	Der **Arbeitgeberanteil** beträgt dann 1/3 des Jahressparbetrages.
Der Staat (das Finanzamt) zahlt jährlich eine Prämie dazu.	Die **Arbeitnehmersparzulage** ist 10 % des Jahressparbetrages.
Die Bausparkasse zahlt jährlich Zinsen.	Der Zinssatz für die **Guthabenzinsen** beträgt z. B. 4,25 %.

Das **Gesamtguthaben** setzt sich zusammen aus der Summe des eigenen Sparbetrages, des Arbeitgeberanteils, der Arbeitnehmersparzulage und der Guthabenzinsen.

2 a) Berechne zu Aufgabe 1 den Spargewinn nach 7 Jahren.

   2023,05 €

b) Gib den Spargewinn in Prozent des Gesamtguthabens an.

   46,7 %

c) Gib den Spargewinn in Prozent des eigenen Sparbetrages an.

   87,6 %

d) Gib den eigenen Sparbetrag in Prozent des Gesamtguthabens an.

   53,3 %

 zu 2

Als **Spargewinn** bezeichnet man alle erhaltenen Prämien, Zulagen und Zinsen.

Zinsrechnung

Jahreszinsen berechnen
$Z = K \cdot p\%$

Zinsen für einen Monat berechnen
$Z = K \cdot \frac{p}{100} \cdot \frac{1}{12}$

3 Fig. 2 zeigt den Ausschnitt aus dem Rechenblatt einer Tabellenkalkulation mit dem das Kapital einschließlich Zinsen nach fester monatlicher Einzahlung für ein Jahr (Januar bis Dezember) berechnet werden kann.
In Zelle C5 muss die Formel 78∗C4 eingegeben werden. Sie ergibt sich aus der Summe der Anzahl der Zinsmonate 12 + 11 + 10 + … + 2 + 1 = 78.

a) Notiere in den Zellen C3, C4 und C5 die vollständigen Formeln.
b) Berechne mit dieser Tabellenkalkulation die Zinsen und das Guthaben mit Zinsen für die angegebenen Werte.

Fig. 2

	A	B	C
1	monatliche Einzahlung in €	Anzahl der Monate	Zinssatz in %
2	150	12	2,5
3	Einzahlungen insgesamt in Euro		= A2 ∗ *B2* *(1800)*
4	Zinsen für eine monatliche Einzahlung in Euro		= *A2 ∗ C2 / 100 / 12* *(0,3125)*
5	Zinsen insgesamt in Euro		= *78 ∗ C4* *(24,375)*
6	Guthaben mit Zinsen nach 1 Jahr in Euro		= *C3 + C5* *(1824,375 ≈ 1824,38)*

4 Verändere in Aufgabe 3 die Eingaben in den Zellen A2 und C2 und berechne das Guthaben mit Zinsen für diese neuen Aufgaben.

Sachthemen

9 Kredite

1 Berechne schrittweise die monatlichen Raten für einen Kredit.

Kreditbetrag	15 000 €
Zinssatz pro Monat	0,56%
Laufzeit	72 Monate
Bearbeitungsgebühr	2%

(1) *15 000 · 0,0056 · 72 = 6048 €*

(2) *15 000 · 0,02 = 300 €*

(3) *6048 + 300 = 6348 €*

(4) *15 000 + 6348 = 21 348 €*

(5) *21 348 : 72 = 296,50 €*

Berechne die monatlichen Raten für einen Kredit.

Kreditbetrag 10 000 €   Laufzeit 72 Monate
Zinssatz pro Monat 0,56%   Bearbeitungsgebühr 2%

(1) **Kreditzinsen**   Kreditbetrag x Monatszins x Anzahl der Monate
   berechnen   10 000 · 0,0056 · 72 = 4032 €

(2) **Bearbeitungsgebühr**   Kreditbetrag x Zinssatz
   berechnen   10 000 · 0,02 = 200 €

(3) **Kreditkosten**   Kreditzinsen + Bearbeitungsgebühr
   berechnen   4 032 + 200 = 4232 €

(4) **Rückzahlungsbetrag**   Kreditbetrag + Kreditkosten
   berechnen   10 000 + 4232 = 14 232 €

(5) monatliche **Raten**   Rückzahlungsbetrag : Anzahl der Raten
   berechnen   14 232 : 72 = 197,67 €

---

2 Fig. 1 zeigt einen Ausschnitt aus dem Rechenblatt einer Tabellenkalkulation.   Fig. 1

0,0063 = 0,63%

	A	B	C	D
1	Kreditbetrag in €	Zinssatz pro Monat	Laufzeit in Monaten	Bearbeitungsgebühr in %
2	10 000	0,0068	60	0,02
3	Kreditzinsen in €		=A2*B2*C2 *(4 080)*	
4	Bearbeitungsgebühr in €		*=A2*D2* *(200)*	
5	Kreditkosten in €		*=C3+C4* *(4 280)*	
6	Rückzahlungsbetrag in €		*=A2+C5* *(14 280)*	
7	Monatliche Rate in €		*=C6/C2* *(238)*	

Kredit, Darlehen

In Zelle C3 steht die Zuweisung A2∗B2∗C2. Notiere die Zuweisung für die Zellen C4, C5, C6 und C7.

3 Herr Paul benötigt einen Kredit über 12 000 €. Er kann monatlich höchstens 250 € zurückzahlen. Der Zinssatz pro Monat beträgt 0,65%, die Bearbeitungsgebühr 2%.
Berechne die Laufzeit des Kredits.

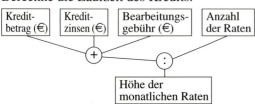

(1) Höhe der monatlichen Raten = $\frac{\text{Kreditbetrag} + \text{Kreditzinsen} + \text{Bearbeitungsgebühr}}{\text{Anzahl der Raten}}$

(2) $250 = \frac{12\,000 + 12\,000 \cdot 0{,}0065 \cdot x + 12\,000 \cdot 0{,}02}{x}$

(3) *250x = 12 000 + 78x + 240* | −78x

   172x = 12 240 | : 172

   x ≈ 71,16

(4) *Die Laufzeit beträgt 72 Monate.*

zu 3
(1) Formel notieren
(2) Werte einsetzen
(3) Gleichung nach x umformen
(4) Antwort notieren

80

10 Gehaltsmitteilung

1 a) Färbe in der Gehaltsmitteilung
blau: das Bruttogehalt;
grün: das Nettogehalt;
rot: die Lohnsteuer;
rosa: die Kirchensteuer;
gelb: den Solidaritätszuschlag;
orange: alle Sozialversicherungen.

b) Berechne die Summe aller Sozialversicherungsabgaben.   *291,16 €*

c) Gib diesen Anteil in Prozent des Bruttogehaltes an.   *≈ 20 %*

Gehaltsmitteilung		
Sonja Muster	**Bruttogehalt**	1457,41 €
Steuerklasse I	**Gesetzliche Abzüge**	
Kinderfreibeträge 0,0	Lohnsteuer	157,30 €
	Kirchensteuer	14,15 €
	Solidaritätszuschlag	8,65 €
	Krankenversicherung	87,49 €
	Arbeitslosenversicherung	48,19 €
	Rentenversicherung	143,10 €
	Pflegeversicherung	12,39 €
	Summe gesetzl. Abzüge	471,27 €
	Nettogehalt	986,14 €

2 Sonja Muster erhält eine Gehaltserhöhung von 1,4% auf das Bruttogehalt.
a) Stelle eine neue Gehaltsmitteilung aus.

Bruttogehalt	*1477,81 €*
Gesetzlich Abzüge	
Lohnsteuer	*162,41 €*
Kirchensteuer	*14,62 €*
Solidaritätszuschlag	*8,93 €*
Krankenversicherung	*88,67 €*
Arbeitslosenversicherung	*48,77 €*
Rentenversicherung	*144,83 €*
Pflegeversicherung	*12,56 €*
Summe gesetzl. Abzüge	*480,79 €*
Nettogehalt	*997,02 €*

b) Berechne die Summe aller Steuern.

185,96 €

c) Berechne die Summe aller Sozialversicherungsabgaben.

294,83 €

d) Gib das Nettogehalt in Prozent des Bruttogehaltes an.

≈ 67,5%

3 a) Gib folgende Beträge der Aufgabe 2 in Prozent des Bruttogehaltes an.

Lohnsteuer	*11 %*
Summe aller Steuern	*≈ 12,6 %*
Summe aller Sozialversicherungsabgaben	*≈ 20 %*
Summe aller Abzüge	*≈ 32,5 %*

b) Stelle die Summe aller Steuern und die Summe aller Sozialversicherungsabgaben im Kreisdiagramm dar.

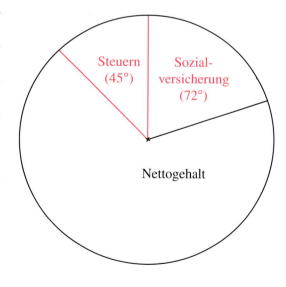

Bruttogehalt
Gehalt ohne Abzüge

Nettogehalt
Gehalt mit Abzügen

Beitragssätze bei Sozialversicherungen
– Krankenversicherung   12,0%
– Arbeitslosenversicherung   6,6%
– Rentenversicherung   19,6%
– Pflegeversicherung   1,7%

Arbeitnehmer und Arbeitgeber zahlen je die Hälfte

 zu 2

Steuern bis 1504,80 €

Steuerklasse	Lohnsteuer
I, IV	162,41 €
III	96,20 €
V	282,72 €

Die Kirchensteuer beträgt 9% der Lohnsteuer (bzw. 8% in einigen Bundesländern).

Der Solidaritätszuschlag beträgt 5,5% der Lohnsteuer.

Kreisdiagramm
1% entspricht 3,6°

Sachthemen

11 Rechnungen

1 a) Färbe in der Rechnung
rot: den Preis für eine Kiste Apfelsaft;
blau: den Bruttopreis für 90 Kisten Orangensaft;
grün: den Rabattsatz für Kirschsaft;
rosa: den Nettobetrag für Kirschsaft;
lila: den Betrag;
gelb: den Skontobetrag;
orange: den steuerpflichtigen Betrag.

b) Berechne den zu zahlenden Betrag abzüglich Skonto.

1757,97 € − 52,74 € = 1705,23 €

Firma
Getränke Durst
Bachstraße 6 – 8
32603 Neuburg

Rechnung: 1369 / 04

Artikel-Nr.	Anzahl (Kisten)	Artikelbezeichnung	Preis je Einheit in €	Bruttobetrag in €	Rabatt in %	Nettobetrag in €
042	120	Apfelsaft	6,48	777,60	30	544,32
052	90	Orangensaft	8,36	752,40	20	601,92
125	70	Kirschsaft	8,87	620,90	20	496,72

stpfl. Betrag in €	MwSt. in %	MwSt. in €	Betrag in €
1642,96	7	115,01	1757,97

Bei Zahlung innerhalb 10 Tagen gewähren wir 3% = 52,74 € Skonto.

2 Stelle die Rechnung aus.

Artikel-Nummer	Anzahl (Kisten)	Artikelbezeichnung	Preis je Einheit in €	Bruttobetrag in €	Rabatt in %	Nettobetrag in €
042	250	*Apfelsaft*	*6,48*	*1620,00*	40	*972,00*
052	150	*Orangensaft*	*8,36*	*1254,00*	30	*877,80*
125	80	*Kirschsaft*	*8,87*	*709,60*	20	*567,68*

stpfl. Betrag in €	MwSt. in %	MwSt. in €	Betrag in €
2417,48	*7*	*169,22*	*2586,70*

Bei Zahlung innerhalb 10 Tagen gewähren wir 3% = *77,60 €* Skonto.

3 Fig. 1 zeigt einen Ausschnitt aus einem Rechenblatt einer Tabellenkalkulation.

	A	B	C	D	E
1	Preis je Einheit in €	Anzahl	Rabatt in %	MwSt. in %	Skonto in %
2	12,56	65	35	16	3
3	Bruttobetrag	816,40			
4	Nettobetrag	530,66			
5	MwSt. in €	84,91			
6	Betrag in €	615,57			
7	Skonto in €	18,47			
8	Betrag m. Skonto in €	597,10			

Fig. 1

In Zelle B3 steht die Zuweisung A2 ∗ B2.
a) Notiere die Zuweisung für   Zelle B4: *B3 − B3 ∗ C2/100*   Zelle B5: *B4 ∗ D2/100*

Zelle B6: *B4 + B5*   Zelle B7: *B6 ∗ E2/100*   Zelle B8: *B6 − B7*

b) Führe eine neue Berechnung durch mit einem Preis von 13,40 € je Einheit.

c) Berechne die Aufgabe 3b mit 40% Rabatt und 2% Skonto.

Rabatt
Preisnachlass, der ohne Rücksicht auf den Zahlungszeitpunkt gewährt wird. (Mengen-, Personal-, Sonderrabatt)

Skonto
Preisnachlass, wenn die Ware innerhalb eines bestimmten Zeitraumes (z. B. 10 Tage) bezahlt wird.

Mehrwertsteuer
Umsatzsteuer, bei der auf die einzelnen Produktionsstufen nur der Wertzuwachs (Umsatzerlös minus Gütereinsatz) besteuert wird.

Mehrwertsteuersätze
(Stand 01. 01. 01)
normaler Satz   16%
verminderter Satz   7%
z. B. für Lebensmittel und Bücher

Formelsammlung: Flächen und Körper

Flächen

Quadrat
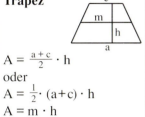
$A = a^2$
$u = 4 \cdot a$

Rechteck
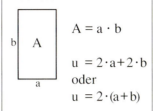
$A = a \cdot b$
$u = 2 \cdot a + 2 \cdot b$
oder
$u = 2 \cdot (a+b)$

Parallelogramm
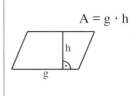
$A = g \cdot h$

Dreieck
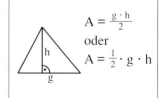
$A = \frac{g \cdot h}{2}$
oder
$A = \frac{1}{2} \cdot g \cdot h$

Trapez
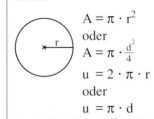
$A = \frac{a+c}{2} \cdot h$
oder
$A = \frac{1}{2} \cdot (a+c) \cdot h$
$A = m \cdot h$

Kreis
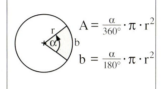
$A = \pi \cdot r^2$
oder
$A = \pi \cdot \frac{d^2}{4}$
$u = 2 \cdot \pi \cdot r$
oder
$u = \pi \cdot d$

Kreisausschnitt
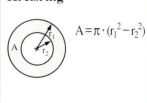
$A = \frac{\alpha}{360°} \cdot \pi \cdot r^2$
$b = \frac{\alpha}{180°} \cdot \pi \cdot r$

Kreisring
$A = \pi \cdot (r_1^2 - r_2^2)$

Körper

Prismen (Säulen)
$V = G \cdot k$
$O = 2 \cdot G + M$

G (Grundfläche)
k (Körperhöhe)
M (Mantelfläche)
O (Oberflächeninhalt)

Quader

$V = a \cdot b \cdot c$
$O = 2(ab + bc + ca)$

Würfel

$V = a^3$
$O = 6 \cdot a^2$

Zylinder
$V = \pi \cdot r^2 \cdot k$
$O = 2 \cdot \pi \cdot r^2 + 2 \cdot \pi \cdot r \cdot k$
oder
$O = 2 \cdot \pi \cdot r \, (r + k)$
$M = 2\pi \cdot v \cdot k$

Dreiecksprisma
$V = \frac{g \cdot h}{2} \cdot k$
oder
$V = \frac{1}{2} \cdot g \cdot h \cdot k$

Spitzkörper
$V = \frac{1}{3} \cdot G \cdot k$
$O = G + M$

Pyramide
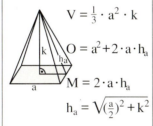
$V = \frac{1}{3} \cdot a^2 \cdot k$
$O = a^2 + 2 \cdot a \cdot h_a$
$M = 2 \cdot a \cdot h_a$
$h_a = \sqrt{(\frac{a}{2})^2 + k^2}$

Kegel
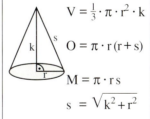
$V = \frac{1}{3} \cdot \pi \cdot r^2 \cdot k$
$O = \pi \cdot r \, (r + s)$
$M = \pi \cdot r \, s$
$s = \sqrt{k^2 + r^2}$

Tetraeder
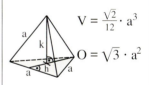
$V = \frac{\sqrt{2}}{12} \cdot a^3$
$O = \sqrt{3} \cdot a^2$
$k = \frac{\sqrt{6}}{3} \cdot a$

Stümpfe
$V = \frac{1}{3} \cdot k \cdot (G_1 + \sqrt{G_1 \cdot G_2} + G_2)$
$O = G_1 + G_2 + M$

Pyramidenstumpf
mit quadratischer Grundfläche

$V = \frac{1}{3} \cdot k \cdot (a_1^2 + a_1 \cdot a_2 + a_2^2)$
$O = a_1^2 + a_2^2 + 2 \cdot (a_1 + a_2) \cdot h_{a_1}$
$M = 2 \cdot (a_1 + a_2) \cdot h_{a_1}$

Kegelstumpf

$V = \frac{1}{3} \cdot \pi \cdot k \cdot (r_1^2 + r_1 \cdot r_2 + r_2^2)$
$O = \pi \cdot r_1^2 + \pi \cdot r_2^2 + \pi \cdot s \, (r_1 + r_2)$
$O = \pi \cdot [r_1^2 + r_2^2 + s \cdot (r_1 + r_2)]$
$M = \pi \cdot s \cdot (r_1 + r_2)$

Kugel

$V = \frac{4}{3} \cdot \pi \cdot r^3$
oder
$V = \frac{1}{6} \cdot \pi \cdot d^3$
$O = 4 \cdot \pi \cdot r^2$
oder
$O = \pi \cdot d^2$

Formelsammlung: Rechengesetze und Trigonometrie

Rechengesetze

Prozentrechnen

$G = \frac{P \cdot 100}{p} \quad P = \frac{G \cdot p}{100} \quad p = \frac{P \cdot 100}{G}$

G   Grundwert
p   Prozentsatz
P   Prozentwert

Zinsrechnen

$Z_t = \frac{K \cdot p \cdot t}{100 \cdot 360}$

$K = \frac{Z_t \cdot 100 \cdot 360}{p \cdot t}$

$p = \frac{Z_t \cdot 100 \cdot 360}{K \cdot t}$

K   Kapital Z_t Zinsen in t Tagen
p   Zinssatz
t   Tage

Zinseszinsrechnen

$K_n = K_0 \cdot q^n$ mit $q = (1 + \frac{p}{100})$

K_n Kapital nach n Jahren
K_0 Anfangskapital
n   Anzahl der Jahre
p% Zinssatz   q Zinsfaktor

Quadratische Gleichungen

Normalform $\quad x^2 + px + q = 0$

Lösungen

$x_1 = -\frac{p}{2} + \sqrt{(\frac{p}{2})^2 - q}$

$x_2 = -\frac{p}{2} - \sqrt{(\frac{p}{2})^2 - q}$

Anzahl der Lösungen mithilfe der Diskriminante D bestimmen.

$D = (\frac{p}{2})^2 - q$

$x_1; x_2 = -\frac{p}{2} \pm \sqrt{D}$

D > 0   zwei Lösungen
D = 0   eine Lösung
D < 0   keine Lösung

Klammern auflösen

$a \cdot (b + c) = a \cdot b + a \cdot c$
$a \cdot (b - c) = a \cdot b - a \cdot c$
$(a + b) \cdot (c + d) = a \cdot c + a \cdot d + b \cdot c + b \cdot d$

Binomische Formeln

① $(a + b)^2 = a^2 + 2ab + b^2$
② $(a - b)^2 = a^2 - 2ab + b^2$
③ $(a + b) \cdot (a - b) = a^2 - b^2$

Potenzen mit rationalem Exponent

$a^n = \underbrace{a \cdot a \cdot a \cdot \ldots \cdot a}_{n \text{ mal}}$

$a^{-n} = \frac{1}{a^n}$

$a^{\frac{1}{n}} = \sqrt[n]{a}$

$a^{\frac{m}{n}} = \sqrt[n]{a^m}$

Potenzgesetze

gleiche Basis	gleicher Exponent	Potenzen von Potenzen
$a^m \cdot a^n = a^{m+n}$	$a^n \cdot b^n = (ab)^n$	$(a^m)^n = a^{m \cdot n}$
$a^m : a^n = a^{m-n}$	$a^n : b^n = (\frac{a}{b})^n$	

Flächensätze am rechtwinkligen Dreieck

Satz des Pythagoras

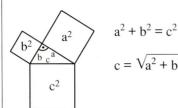

$a^2 + b^2 = c^2$

$c = \sqrt{a^2 + b^2}$

Kathetensatz

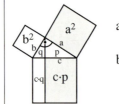

$a^2 = c \cdot p$

$b^2 = c \cdot q$

Höhensatz

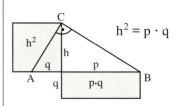

$h^2 = p \cdot q$

Trigonometrie

Winkelfunktionen im rechtwinkligen Dreieck

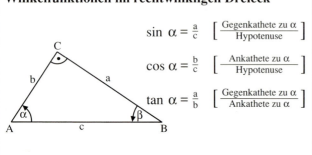

$\sin \alpha = \frac{a}{c} \quad [\frac{\text{Gegenkathete zu } \alpha}{\text{Hypotenuse}}]$

$\cos \alpha = \frac{b}{c} \quad [\frac{\text{Ankathete zu } \alpha}{\text{Hypotenuse}}]$

$\tan \alpha = \frac{a}{b} \quad [\frac{\text{Gegenkathete zu } \alpha}{\text{Ankathete zu } \alpha}]$

Berechnungen im allgemeinen Dreieck

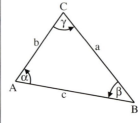

Sinussatz

$\frac{a}{b} = \frac{\sin \alpha}{\sin \beta}; \quad \frac{a}{c} = \frac{\sin \alpha}{\sin \gamma}; \quad \frac{b}{c} = \frac{\sin \beta}{\sin \gamma};$

$\frac{b}{a} = \frac{\sin \beta}{\sin \alpha}; \quad \frac{c}{a} = \frac{\sin \gamma}{\sin \alpha}; \quad \frac{c}{b} = \frac{\sin \gamma}{\sin \beta}$

Kosinussatz

$a^2 = b^2 + c^2 - 2 \cdot b \cdot c \cdot \cos \alpha$
$b^2 = a^2 + c^2 - 2 \cdot a \cdot c \cdot \cos \beta$
$c^2 = a^2 + b^2 - 2 \cdot a \cdot b \cdot \cos \gamma$

Beiheft mit den Lösungen der zusätzlichen Übungsaufgaben (zu # 745273)

Seite 5

1.1

	x	-2	-1	0	1	2
a)	$y = -x + 3$	5	4	3	2	1
b)	$y = 2x + 2$	-2	0	2	4	6
c)	$y = 3x - 2$	-8	-5	-2	1	4
d)	$y = -\frac{1}{2}x + 4$	5	$4\frac{1}{2}$	4	$3\frac{1}{2}$	3
e)	$y = 2x - \frac{2}{3}$	$-4\frac{2}{3}$	$-2\frac{2}{3}$	$-\frac{2}{3}$	$1\frac{1}{3}$	$3\frac{1}{3}$
f)	$y = 2x - 3$	-7	-5	-3	-1	1
g)	$y = -2x - 3$	1	-1	-3	-5	-7
h)	$y = -\frac{1}{2}x + 1$	2	$1\frac{1}{2}$	1	$\frac{1}{2}$	0
i)	$y = -x + 2$	4	3	2	1	0
j)	$y = 3x - 4$	-10	-7	-4	-1	2
k)	$y = -\frac{1}{2}x + 3$	4	$3\frac{1}{2}$	3	$2\frac{1}{2}$	2
l)	$y = \frac{1}{2}x + 1\frac{1}{2}$	$\frac{1}{2}$	1	$1\frac{1}{2}$	2	$2\frac{1}{2}$
m)	$y = -\frac{2}{3}x - \frac{1}{6}$	$1\frac{1}{6}$	$\frac{1}{2}$	$-\frac{1}{6}$	$-\frac{5}{6}$	$-1\frac{1}{2}$
n)	$y = \frac{3}{4}x + \frac{4}{5}$	$-\frac{7}{10}$	$\frac{1}{20}$	$\frac{4}{5}$	$1\frac{11}{20}$	$2\frac{3}{10}$

2.1

b) und c)	Gerade	m	c
1.1a)	$y = -x + 3$	-1	3
1.1b)	$y = 2x + 2$	2	2
1.1c)	$y = 3x - 2$	3	-2
1.1d)	$y = -\frac{1}{2}x + 4$	$-\frac{1}{2}$	4
1.1e)	$y = 2x - \frac{2}{3}$	2	$-\frac{2}{3}$
1.1f)	$y = 2x - 3$	2	-3
1.1g)	$y = -2x - 3$	-2	-3
1.1h)	$y = -\frac{1}{2}x + 1$	$-\frac{1}{2}$	1
1.1i)	$y = -x + 2$	-1	2
1.1j)	$y = 3x - 4$	3	-4
1.1k)	$y = -\frac{1}{2}x + 3$	$-\frac{1}{2}$	3
1.1l)	$y = \frac{1}{2}x + 1\frac{1}{2}$	$\frac{1}{2}$	$1\frac{1}{2}$
1.1m)	$y = -\frac{2}{3}x - \frac{1}{6}$	$-\frac{2}{3}$	$-\frac{1}{6}$
1.1n)	$y = \frac{3}{4}x + \frac{4}{5}$	$\frac{3}{4}$	$\frac{4}{5}$

3.1

	x	-6	-3	0	3	6
a)	$y = 3x + 2$	-16	-7	2	11	20
b)	$y = -2x + 4$	16	10	4	-2	-8
c)	$y = \frac{1}{2}x - 3$	-6	$-4,5$	-3	$-1,5$	0
d)	$y = -x + 1\frac{1}{2}$	7,5	4,5	1,5	$-1,5$	$-4,5$
e)	$y = -\frac{1}{2}x - 3$	0	$-1,5$	-3	$-4,5$	-6
f)	$y = -2\frac{1}{2}x + 3\frac{1}{2}$	18,5	11	3,5	-4	$-11,5$
g)	$y = \frac{2}{3}x - 2$	-6	-4	-2	0	2
h)	$y = 2,5x - \frac{1}{2}$	$-15,5$	-8	$-0,5$	7	14,5
i)	$y = -\frac{3}{4}x + \frac{2}{3}$	$5\frac{1}{6}$	$2\frac{11}{12}$	$\frac{2}{3}$	$-1\frac{7}{12}$	$-3\frac{5}{6}$
j)	$y = \frac{3}{5}x - 1,5$	$-5,1$	$-3,3$	$-1,5$	0,3	2,1
k)	$y = -\frac{2}{3}x - \frac{1}{4}$	$3\frac{3}{4}$	$1\frac{3}{4}$	$-\frac{1}{4}$	$-2\frac{1}{4}$	$-4\frac{1}{4}$

4.1

a)

Funktion	$\boxed{-2}$	$\boxed{-1}$	2	$\boxed{3}$	$\boxed{4}$
$y = x - 2$	-4	-3	0	$\boxed{1}$	2
$y = -x + 3$	5	$\boxed{4}$	1	0	-1
$y = \frac{3}{2}x - 2,5$	$-5,5$	-4	0,5	2	$\boxed{3,5}$
$y = -0,5x + 1,5$	$\boxed{2,5}$	2	0,5	0	$-0,5$

b)

Funktion	$\boxed{-3}$	$\boxed{-2}$	$\boxed{0}$	$\boxed{2}$	$\boxed{3}$
$y = x + 2$	-1	0	$\boxed{2}$	4	5
$y = \frac{1}{2}x - 1$	$\boxed{-2,5}$	-2	-1	0	0,5
$y = -\frac{2}{3}x + \frac{5}{6}$	$2\frac{5}{6}$	$2\frac{1}{6}$	$\frac{5}{6}$	$\boxed{-\frac{1}{2}}$	$-1\frac{1}{6}$
$y = -\frac{1}{2}x - \frac{3}{4}$	$\frac{3}{4}$	$\boxed{\frac{1}{4}}$	$-\frac{3}{4}$	$-1\frac{3}{4}$	$\boxed{-2\frac{1}{4}}$

Seite 6

1.1

a) $P(3|-1)$

b) $P(1|5)$

c) $P(2|-1)$

d) $P(3|2)$

e) $P(-2|3)$

2.1

a) $P(0|3)$

b) $P(-3|2)$

c) $P(2|3)$

d) $P(-1|1)$

e) $P(-1|-1)$

Seite 7

1.1

a) $2x + 3x = 15$ $x = 3$ $y = 9$

b) $6x + (-3x + 2) = -4$ $x = -2$ $y = 8$

c) $3(4 - 2y) + y = -3$ $y = 3$ $x = -2$

d) $25x + 12(-4x + 4) = 2$ $x = 2$ $y = -4$

e) $3(\frac{2}{3}x + 8) - 4x = 12$ $x = 6$ $y = 12$

2.1

a) $2(12 - y) - 2y = 16$ $y = 2$ $x = 10$

b) $3(5 - y) + 2y = 25$ $y = -10$ $x = 15$

3.1

a) $3x = 6x - 9$ $x = 3$ $y = 9$

b) $3x - 5 = -2x + 10$ $x = 3$ $y = 4$

c) $x - 6 = \frac{x}{2} - 2$ $x = 8$ $y = 2$

d) $3x - 2 = -x + 3$ $x = 1\frac{1}{4}$ $y = 1\frac{3}{4}$

e) $x + 2 = 3x - 4$ $x = 3$ $y = 5$

f) $\frac{1}{3}x + \frac{1}{2} = \frac{1}{4}x + 1$ $x = 6$ $y = 2\frac{1}{2}$

• g) $6x = 5y - 11$
$6x = -3y - 3$
$5y - 11 = -3y - 3$ $y = 1$ $x = -1$

• h) $2x = 9y + 11$
$2x = 7y - 5$
$9y + 11 = 7y - 5$ $y = -8$ $x = -30{,}5$

Seite 8

1.1

a)
$$\begin{array}{r} 3x + 2y = 19 \\ \underline{-x - 2y = -1} \quad \big| + \\ 2x \quad\quad = 18 \\ x = 9 \\ y = -4 \end{array}$$

b)
$$\begin{array}{r} y = 2x + 1 \\ \underline{-y = 2x - 9} \quad \big| + \\ 0 = 4x - 8 \\ x = 2 \\ y = 5 \end{array}$$

c)
$$\begin{array}{r} -2x + 14y = -12 \\ \underline{2x - 11y = 18} \quad \big| + \\ 3y = 6 \\ y = 2 \\ x = 20 \end{array}$$

d)
$$\begin{array}{r} 18x - 2y = -68 \\ \underline{8x + 2y = 16} \quad \big| + \\ 26x \quad\quad = -52 \\ x = -2 \\ y = 16 \end{array}$$

e)
$$\begin{array}{r} x + y = 5 \\ \underline{x - y = 6} \quad \big| + \\ 2x \quad = 11 \\ x = 5{,}5 \\ y = -0{,}5 \end{array}$$

f)
$$\begin{array}{r} 2x - y = 1 \\ \underline{-2x + 2{,}5y = 2} \quad \big| + \\ 1{,}5y = 3 \\ y = 2 \\ x = 1{,}5 \end{array}$$

g)
$$\begin{array}{r} 4x + 12y = 5 \\ \underline{4x - 8y = 0} \quad \big| - \\ 20y = 5 \\ y = \frac{1}{4} \\ x = \frac{1}{2} \end{array}$$

h)
$$\begin{array}{r} 10x + 14y = 2 \\ \underline{-10x + 12y = -2} \quad \big| + \\ 26y = 0 \\ y = 0 \\ x = \frac{1}{5} \end{array}$$

2.1

a)
$$\begin{array}{r} 3x - 5y = 1 \\ \underline{3x + 3y = 9} \quad \big| - \\ -8y = -8 \\ y = 1 \\ x = 2 \end{array}$$

b)
$$\begin{array}{r} 4x - 3y = 4 \\ \underline{4x - 2y = 12} \quad \big| - \\ -y = -8 \\ y = 8 \\ x = 7 \end{array}$$

c)
$$\begin{array}{r} 2x - 14y = 12 \\ \underline{2x - 11y = 18} \quad \big| - \\ -3y = -6 \\ y = 2 \\ x = 20 \end{array}$$

d)
$$9x - 16y = -3 \quad | -$$
$$\underline{9x + 39y = 72}$$
$$-55y = -75$$
$$y = \frac{15}{11}$$
$$x = \frac{23}{11}$$

e)
$$9x - 3y = -24 \quad | +$$
$$\underline{10x + 3y = 5}$$
$$19x = -19$$
$$x = -1$$
$$y = 5$$

f)
$$4y = 2x + 10 \quad | -$$
$$\underline{4y = 16x - 32}$$
$$0 = -14x + 42$$
$$x = 3$$
$$y = 4$$

g)
$$5x - 3y = 14 \quad | +$$
$$\underline{21x + 3y = 12}$$
$$26x = 26$$
$$x = 1$$
$$y = -3$$

h)
$$6x + 8y = 23 \quad | +$$
$$\underline{-6x + 9y = 19{,}5}$$
$$17y = 42{,}5$$
$$y = 2{,}5$$
$$x = 0{,}5$$

Seite 9

1.1

a) $-y + 5 = y + 6$
$$y = -0{,}5; \qquad x = 5{,}5$$
b) $2x + 1 = -2x + 9$
$$x = 2; \qquad y = 5$$
c) $2x - 14 = 16 - 4x$
$$x = 5; \qquad y = -4$$

2.1

a) Addieren
$$x = 9; \qquad y = -4$$
b) Addieren
$$y = 1; \qquad x = 2$$
c) Addieren
$$x = -2; \qquad y = 16$$

3.1

a) Einsetzen
$$2(6 + 7y) - 11y = 18$$
$$y = 2; \qquad x = 20$$
b) Einsetzen
$$16x + 4(9x + 34) = 32$$
$$x = -2; \qquad y = 16$$
c) Einsetzen
$$6(2y + 10) + 12y = -12$$
$$y = -3; \qquad x = 4$$

4

a) Gleichsetzen
$$\tfrac{2}{3}x + 8 = 4 + \tfrac{4}{3}x$$
$$x = 6; \qquad y = 12$$
b) Einsetzen
$$5(4y + 1) - 2y = 3$$
$$y = -\tfrac{1}{9}; \qquad x = \tfrac{5}{9}$$
c) Addieren
$$4x + 12y = -4 \quad | +$$
$$\underline{6x - 12y = 54}$$
$$10x = 50$$
$$x = 5$$
$$y = -2$$

Seite 10

4

Anzahl der 0,50-€-Briefmarken: x
Anzahl der 1,00-€-Briefmarken: y

$$x + y = 15 \quad | -$$
$$\underline{0{,}5x + y = 11}$$
$$0{,}5x = 4$$
$$x = 8$$
$$y = 7$$

Maren kauft 8 Briefmarken zu 0,50 € und 7 Briefmarken zu 1,00 €.

5

Schenkel a, Grundseite c

$$2a + c = 22 \quad | -$$
$$\underline{\phantom{2a + {}}c = a - 3{,}5}$$
$$2a = -a + 25{,}5$$
$$a = 8{,}5$$
$$c = 5$$

Die Schenkel sind 8,5 cm und die Grundseite ist 5 cm lang.

Seite 12

1.1
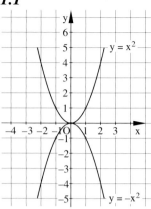

2.1

x	0,00	0,50	1,00	1,50
$y = x^2$	0,00	0,25	1,00	2,25
$y = 1{,}2x^2$	0,00	0,30	1,20	2,70
$y = 0{,}8x^2$	0,00	0,20	0,80	1,80
$y = -0{,}75x^2$	0,00	−0,19	−0,75	−1,69

x	2,00	2,50	3,00
$y = x^2$	4,00	6,25	9,00
$y = 1{,}2x^2$	4,80	7,50	10,80
$y = 0{,}8x^2$	3,20	5,00	7,20
$y = -0{,}75x^2$	−3,00	−4,69	−6,75

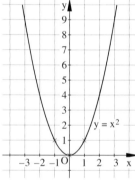
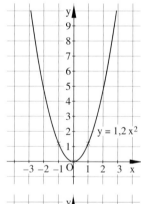
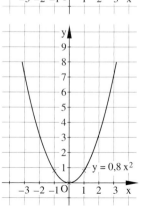
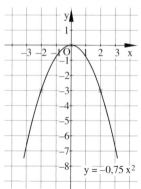

3.1
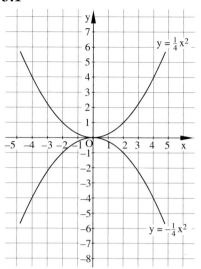

3.2
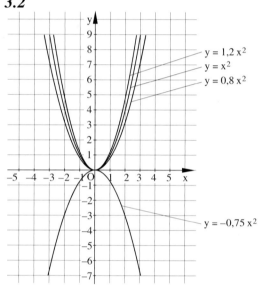

4.1
y = 1,2; gestreckt
y = 0,8; gestaucht
y = −0,75; gestaucht, an x-Achse gespiegelt

5.1
a) $y = 0{,}5x^2$ b) $y = 2x^2$

Seite 13

2.1
a) S(0|−3); gestaucht
b) S(0|0); gestaucht, gespiegelt
c) S(0|0); Normalparabel
d) S(0|0,5); gestreckt, gespiegelt
e) S(0|2); gestreckt
f) S(0|$\frac{11}{13}$); gespiegelt

3.1

a)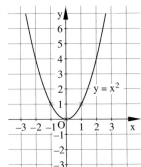
b)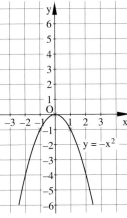
c)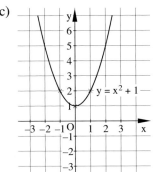
d)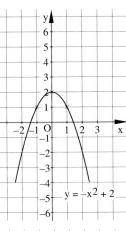
e)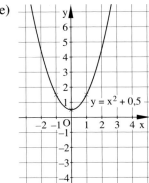
f)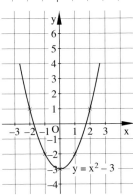

3.2

a)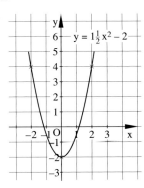
b)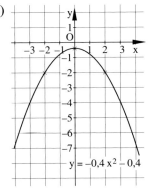

c)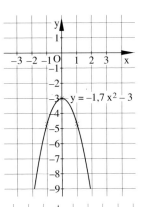
d)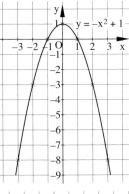
e)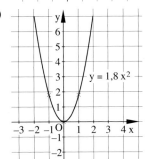
f)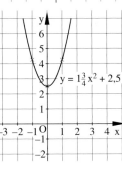

4.1

a) $x_1 = \sqrt{2}$ $x_2 = -\sqrt{2}$
b) $x_1 = 1$ $x_2 = -1$
c) $x_1 = 2$ $x_2 = -2$

Seite 14

1.1

a) $S(7|0)$; gestaucht
b) $S(-1\tfrac{3}{4}|0)$; gespiegelt
c) $S(5|0)$; gestaucht
d) $S(-0,5|0)$; gestaucht
e) $S(\tfrac{2}{3}|0)$; gestreckt, gespiegelt
f) $S(-7,2|0)$; Normalparabel

2.1

a)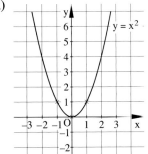
b)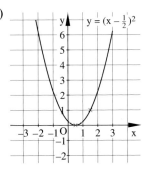

c) $y = (x + 1\frac{1}{2})^2$
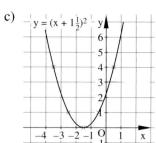

d)
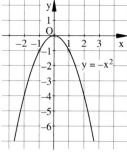
$y = -x^2$

e)
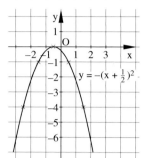
$y = -(x + \frac{1}{2})^2$

f)
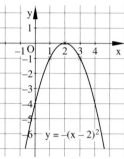
$y = -(x - 2)^2$

2.2

a) $y = 2(x - 1)^2$
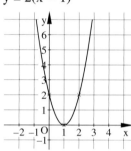

b) $y = -2(x + 1)^2$
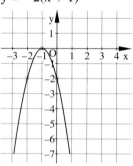

c) $y = \frac{1}{2}(x + 1\frac{1}{2})^2$
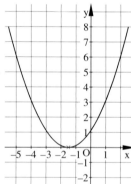

d) $y = -1\frac{1}{4}(x - 1)^2$
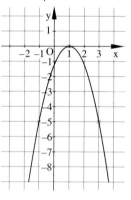

e) $y = -0,2(x - 3)^2$
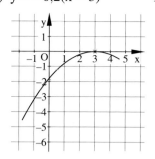

f) $y = 0,8(x + 4)^2$
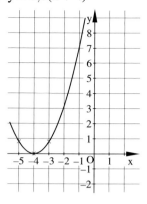

g) $y = -1,5(x - 0,5)^2$
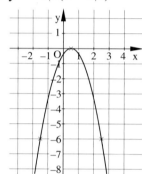

4.1

a) $y = x^2 + 6x + 9$
$y = (x + 3)^2$
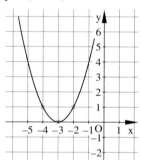

b) $y = x^2 - 4x + 4$
$y = (x - 2)^2$
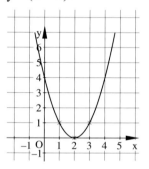

c) $y = x^2 + 3x + \frac{9}{4}$
$y = (x + 1\frac{1}{2})^2$
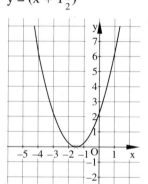

d) $y = 2x^2 + 12x + 18$
$y = 2(x + 3)^2$
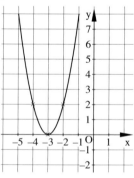

e) $y = 2x^2 - 8x + 8$
   $y = 2(x - 2)^2$

f) $y = 5x^2 - 10x + 5$
   $y = 5(x - 1)^2$

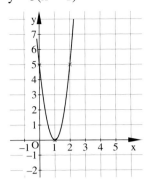

Seite 15

1.1

a) $y = (x - 3)^2 + 1$

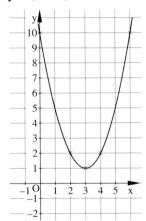

b) $y = (x + 1)^2 - 1,5$

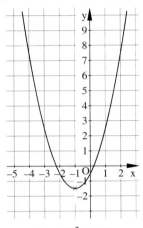

c) $y = -(x - 1)^2 + 6$

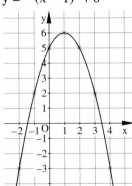

d) $y = -(x + 2)^2 + 3,2$

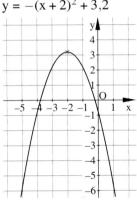

1.2

a) $y = \frac{1}{2}(x + 2)^2 - 3$

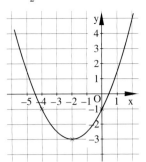

b) $y = 2(x - 3)^2 - 4$

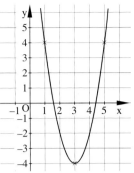

c) $y = -\frac{1}{4}(x - 1\frac{3}{4})^2 + 4$

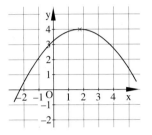

d) $y = \frac{2}{3}(x - 2)^2 + 6$

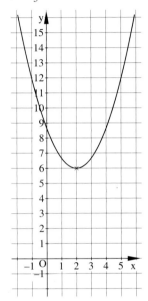

1.3

	a)	b)
Funktion	$y = 1,4(x + 3)^2 - 2,2$	$y = -\frac{1}{36}\left(x + \frac{4}{9}\right)^2 + \frac{7}{36}$
Scheitel	$S(-3\mid-2,2)$	$S\left(-\frac{4}{9}\mid\frac{7}{36}\right)$
Form	NP gestreckt	NP gestaucht NP gespiegelt

3.1

a) $y = (x - 2)^2 - 2$
b) $y = (x - 3)^2 + 1$
c) $y = -(x - 2)^2 + 4$

4.1

a) $y = x^2 + 4x + 5$ $y = (x + 2)^2 + 1$
b) $y = x^2 - 6x - 3$ $y = (x - 3)^2 - 12$
c) $y = 7x^2 - 21x + 35$ $y = 7(x - 1\frac{1}{2})^2 + 19\frac{1}{4}$
d) $y = 3x^2 + 4x + 7$ $y = 3(x + \frac{2}{3})^2 + 5\frac{2}{3}$
e) $y = \frac{4}{5}x^2 - 3x + \frac{1}{3}$ $y = \frac{4}{5}(x - 1\frac{7}{8})^2 - 2\frac{23}{48}$

Seite 16

1.1

	Funktion	a	c	Nullst.
a)	$y = x^2$	1	0	eine
b)	$y = 2x^2$	2	0	eine
c)	$y = 5x^2$	5	0	eine
d)	$y = 2(x-3)^2$	2	0	eine
e)	$y = 0{,}3(x+4)^2$	0,3	0	eine
f)	$y = -0{,}2(x-1)^2$	−0,2	0	eine
g)	$y = -4(x+2)^2 - 1$	−4	−1	keine
h)	$y = 3(x+1)^2 + 4$	3	4	keine
i)	$y = -3(x-1)^2 + 5$	−3	5	zwei
j)	$y = 5(x-3)^2 + 2$	5	2	keine
k)	$y = -2(x+3)^2 - 5$	−2	−5	keine
l)	$y = -(x-0{,}5)^2$	−1	0	eine

2.1

a) $y = x^2 - 4$

x-Werte der Nullstellen: 2; −2

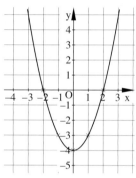

b) $y = x^2 - 1$

x-Werte der Nullstellen: 1; −1

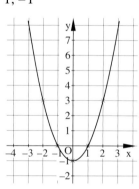

c) $y = -x^2 + 3$

x-Werte der Nullstellen: 1,7; −1,7

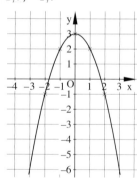

d) $y = x^2$

x-Wert der Nullstelle: 0

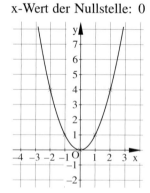

e) $y = -(x+1)^2$

x-Wert der Nullstelle: −1

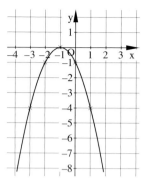

f) $y = (x-3)^2$

x-Wert der Nullstelle: 3

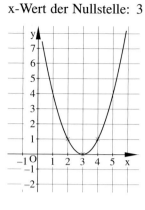

g) $y = x^2 + 1{,}5$

keine Nullstellen

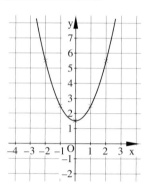

h) $y = -x^2 + 2{,}4$

x-Werte der Nullstellen: −1,5; 1,5

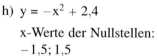

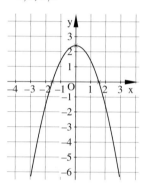

i) $y = -x^2 - 0{,}5$

keine Nullstellen

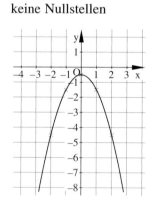

8

2.2

a) $y = x^2 - 3$
x-Werte der Nullstellen: $-1,7; 1,7$
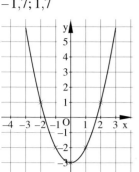

b) $y = x^2 + 4$
keine Nullstellen
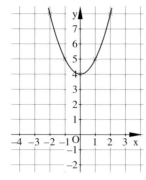

c) $y = x^2 - 5$
x-Werte der Nullstellen: $-2,2; 2,2$
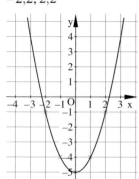

d) $y = -x^2 + \frac{9}{4}$
x-Werte der Nullstellen: $-1,5; 1,5$
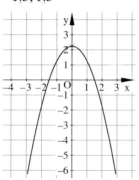

e) $y = x^2 - \frac{4}{25}$
x-Werte der Nullstellen: $-0,4; 0,4$
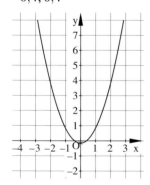

f) $y = x^2 - 1,44$
x-Werte der Nullstellen: $-1,2; 1,2$
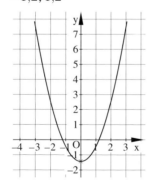

3.1

a) $y = (x - 2)^2 - 1$
x-Werte der Nullstellen: $1; 3$
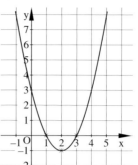

b) $y = (x + 1)^2 + 1,5$
keine Nullstellen
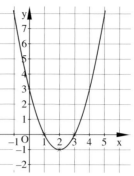

c) $y = -(x - 0,5)^2 + 1$
x-Werte der Nullstellen: $-0,5; 1,5$
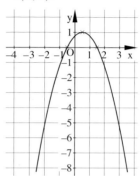

d) $y = (x - 0,8)^2 - 1,2$
x-Werte der Nullstellen: $-0,3; 1,9$
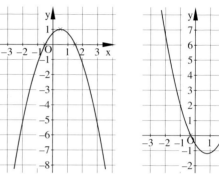

e) $y = \frac{1}{2}(x - 2)^2 - 2$
x-Werte der Nullstellen: $0; 4$
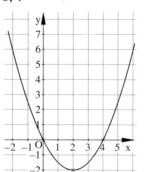

f) $y = \frac{1}{4}(x + 1)^2 - 1$
x-Werte der Nullstellen: $-3; 1$
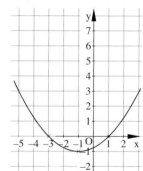

3.2

a) $y = x^2 + 2x + 1$

x-Wert der Nullstelle: -1

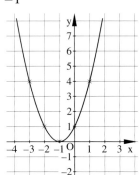

b) $y = x^2 - 2x - 3$

x-Werte der Nullstellen: $-1; 3$

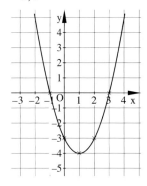

4

a) $L = \{-2,4; 0,4\}$

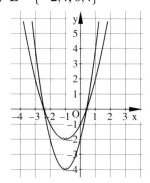

b) $L = \{-2; 4\}$

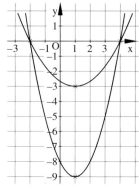

c) $L = \{-2; 2\}$

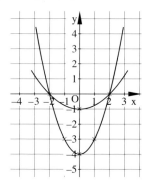

Seite 17

1.1

a) $L = \{-1; 1\}$ b) $L = \{-2; 2\}$
c) $L = \{-1,7; 1,7\}$ d) $L = \{\}$
e) $L = \{-1,2; 1,2\}$ f) $L = \{-1,4; 1,4\}$
g) $L = \{1; 3\}$ h) $L = \{-3; 1\}$
i) $L = \{\}$ j) $L = \{\}$
k) $L = \{-0,7; 0,7\}$ l) $L = \{0\}$

1.2

a) $L = \{-1; 3\}$ b) $L = \{\}$
c) $L = \{-0,5; 2\}$ d) $L = \{-1,5; 2\}$
e) $L = \{-0,5; 1,5\}$ f) $L = \{-0,7; 2,7\}$
g) $L = \{-1,4; 0,7\}$ h) $L = \{-1,5; 1,3\}$
i) $L = \{-2,4; 0,4\}$

3.1

a) $y = x^2 + 2x - 3$ $y = (x + 1)^2 - 4$

b) $y = x^2 - 1,5x - 1$ $y = (x - \frac{3}{4})^2 - 1\frac{9}{16}$

c) $y = x^2 + 1,5x - 4,5$ $y = (x + \frac{3}{4})^2 - 5\frac{1}{16}$

d) $y = x^2 + 2x - 3$ $y = (x + 1)^2 - 4$

e) $y = x^2 - 4x + 3$ $y = (x - 2)^2 - 1$

f) $y = x^2 + 2x + 2$ $y = (x + 1)^2 + 1$

g) $y = x^2 - 4$ $y = (x + 0)^2 - 4$

h) $y = x^2 - 1,5$ $y = (x + 0)^2 - 1,5$

i) $y = -x^2 + 3$ $y = -(x + 0)^2 + 3$

a) $L = \{-3; 1\}$ b) $L = \{-0,5; 2\}$
c) $L = \{-3; 1,5\}$ d) $L = \{-3; 1\}$
e) $L = \{1; 3\}$ f) $L = \{\}$
g) $L = \{-2; 2\}$ h) $L = \{-1,2; 1,2\}$
i) $L = \{-\sqrt{3}; \sqrt{3}\}$

Seite 18

1.1

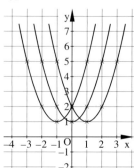

Die Parabel wird parallel zur x-Achse verschoben.

1.2

a)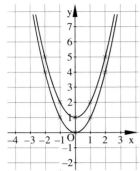

Durch eine Parallelverschiebung um +1 längs der y-Achse.

b)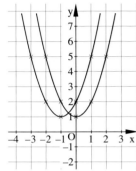

Durch eine Parallelverschiebung um 1 nach links.

2.1

a)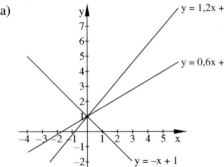

b) Die Steigung der Geraden verändert sich.

3.1

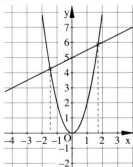

x-Werte der Nullstellen: $-1,5;\ 1,7$

4

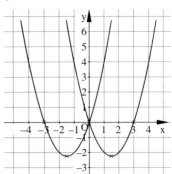

Die Parabeln liegen achsensymmetrisch zur y-Achse.

Seite 19

1.1

a) $L = \{-1; -2\}$
b) $L = \{-1; -5\}$
c) $L = \{5; -4\}$
d) $L = \{1; -3\}$
e) $L = \{-12; 1\}$
f) $L = \{-9\}$
g) $L = \{-0,6; -67,4\}$
h) $L = \{9; -4\}$

1.2

a) $L = \{\frac{1}{8}; -\frac{7}{8}\}$
b) $L = \{\frac{1}{2}; -1\}$
c) $L = \{\frac{1}{6}; -1\}$
d) $L = \{\}$
e) $L = \{\frac{1}{3}; -\frac{2}{3}\}$
f) $L = \{\frac{1}{4}; -2\}$
g) $L = \{\frac{2}{3}; -3\}$
h) $L = \{\}$

2.1

a) $L = \{15; -1\}$
b) $L = \{6; -13\}$
c) $L = \{3; -24\}$
d) $L = \{11; -5\}$
e) $L = \{20; -4\}$
f) $L = \{3; -15\}$
g) $L = \{15; -2\}$
h) $L = \{-5; -10\}$

3.1

a) $L = \{\}$
b) $L = \{11,3; -2,3\}$
c) $L = \{13; 12\}$
d) $L = \{10,9; 1,1\}$
e) $L = \{28,2; -1,2\}$
f) $L = \{2; -5\}$
g) $L = \{\}$
h) $L = \{23; 9\}$

4.1

a) $L = \{14,9; 0,1\}$
b) $L = \{\}$
c) $L = \{2,2; -0,2\}$
d) $L = \{\}$
e) $L = \{0,5; -0,5\}$
f) $L = \{1,1; -1,4\}$
g) $L = \{12; 0\}$
h) $L = \{0,7; -0,7\}$

5

a) $L = \{4; 0,5\}$

b) $L = \{-1,5; -2\}$

c) $L = \{3; -4\}$

d) $L = \{34; 0\}$

e) $L = \{1; -0,6\}$

f) $L = \{6; -6\}$

g) $L = \{1,4; -1,4\}$

h) $L = \{\}$

Seite 20

1.1

1. Seite: x

2. Seite: x + 8

$x^2 + (x + 8)^2 = 20^2$

Die Seiten sind 9,6 cm und 17,6 cm lang.

1.2

1. Abschnitt: x.

2. Abschnitt: x + 5.

$x(x + 5) = 36$

$L = \{4; -9\}$

Die Hypotenusenabschnitte sind 9 cm und 4 cm lang.

1.3

alter Radius: x

neuer Radius: x + 3

$\pi(x + 3)^2 = 2\pi x^2$

$L = \{-1,24; 7,24\}$

Der alte Radius des Kreises ist 7,2 cm lang.

2.1

1. Zahl: x

2. Zahl: x + 1

$x(x + 1) = 240$

$L = \{15; -16\}$

Die Zahlen sind 15 und 16 oder −15 und −16.

3

Marens Alter: x

Fraukes Alter: x + 3

$x(x + 3) = 208$

$L = \{13; -16\}$

Maren ist 13 und Frauke ist 16 Jahre alt.

•4

Zeit, nach der die Kugel 320 m Höhe erreicht: t

$h = v_0 \cdot t - \frac{g}{2} \cdot t^2$

$L = \{38,33; 1,67\}$

Die Kugel benötigt 1,67 s, um die Höhe von 320 m zu erreichen.

Seite 22

1.1

a) $125; -125; 243; -243$

b) $2; -2; 1; 1$

c) $-27; 27; 9; 9$

d) $4; 16; -64; 256$

2.1

a) $\frac{1}{9}; \frac{1}{9}; \frac{1}{8}; -\frac{1}{8}$

b) $\frac{1}{4}; -\frac{1}{4}; 1; 1$

3.1

a) $16; 16; \frac{1}{16}; \frac{1}{16}$

b) $32; -32; \frac{1}{32}; -\frac{1}{32}$

c) $0,25; 4; 0,25$

d) $3; \frac{1}{3}; 1; -\frac{1}{3}$

3.2

a) $100; 100; 0,01$

b) $0,001; -1\,000; -0,001$

c) $10; 1; 0,1; -10$

d) $0,01; 100; 100$

4.1

a) $2^2 = (-2)^2; 2^{-2} = (-2)^{-2}; 2^3; 2^{-3}$

b) $2^3; (-2)^3; 2^{-3}; (-2)^{-3}$

5.1

a) $10^3; 10^2; 10^0$

b) $10^{-3}; 10^{-2}; 10^{-1}$

6.1

a) $<$ b) $>$ c) $>$ d) $>$

7.1

a) 10^2 b) 10^{-8} c) 10^2 d) 10^{-8}

e) 10^8 f) 10^{-8} g) 8^{-2} h) 2^3

i) $0,5^{-2}$ j) 2^{-2} k) 10^6 l) 10^{-6}

Seite 23

1.1

a) $8 \cdot 10^5$ b) $4 \cdot 10^{-3}$ c) $3 \cdot 10^4$

d) $5 \cdot 10^3$ e) $9 \cdot 10^{-6}$ f) $4 \cdot 10^{-7}$

g) $2 \cdot 10^6$ h) $3 \cdot 10^{-1}$ i) $1 \cdot 10^4$

j) $6 \cdot 10^1$ k) $8 \cdot 10^{-3}$ l) $2 \cdot 10^{-3}$

1.2
a) $2{,}6 \cdot 10^5$ b) $3{,}4 \cdot 10^{-2}$ c) $4{,}8 \cdot 10^3$
d) $7{,}8 \cdot 10^3$ e) $4{,}5 \cdot 10^{-1}$ f) $7{,}4 \cdot 10^{-2}$
g) $1{,}0 \cdot 10^6$ h) $7{,}7 \cdot 10^{-5}$ i) $2{,}0 \cdot 10^{-2}$
j) $8{,}1 \cdot 10^1$ k) $3{,}4 \cdot 10^{-1}$ l) $5{,}9 \cdot 10^4$
m) $3{,}8 \cdot 10^2$ n) $4{,}0 \cdot 10^{-3}$ o) $1{,}0 \cdot 10^0$

2.1
a) 10^{-1} b) 10^{-3} c) 10^6 •d) 10^2
e) 10^1 f) 10^7 g) 10^4 •h) 10^{-18}
i) 10^{-7} j) 10^{-7} k) 10^2 •l) 10^{-8}

3.1
a) $6 \cdot 10^8$ b) $5 \cdot 10^3$
c) $4 \cdot 10^{-2}$ d) $9 \cdot 10^2$
e) $18 \cdot 10^{-5}$ f) $4 \cdot 10^2$

•4.1
a) $4 \cdot 10^1$ b) $2 \cdot 10^8$
c) $4 \cdot 10^{-8}$ d) 10^{-7}

Seite 24

1.1
a)

x	0	0,1	−0,1	0,2	−0,2	0,3
$y = x^2$	0	0,01	0,01	0,04	0,04	0,09
$y = x^3$	0	0,001	−0,001	0,008	−0,008	0,027

x	−0,3	0,4	−0,4	0,5	−0,5
$y = x^2$	0,09	0,16	0,16	0,25	0,25
$y = x^3$	−0,027	0,064	−0,064	0,125	−0,125

x	0,6	−0,6	0,7	−0,7	0,8
$y = x^2$	0,36	0,36	0,49	0,49	0,64
$y = x^3$	0,216	−0,216	0,343	−0,343	0,512

x	−0,8	0,9	−0,9	1	−1
$y = x^2$	0,64	0,81	0,81	1	1
$y = x^3$	−0,512	0,729	−0,729	1	−1

x	1,1	−1,1	1,2	−1,2	1,3
$y = x^2$	1,21	1,21	1,44	1,44	1,69
$y = x^3$	1,331	−1,331	1,728	−1,728	2,197

x	−1,3	1,4	−1,4	1,5	−1,5
$y = x^2$	1,69	1,96	1,96	2,25	2,25
$y = x^3$	−2,197	2,744	−2,744	3,375	−3,375

b)
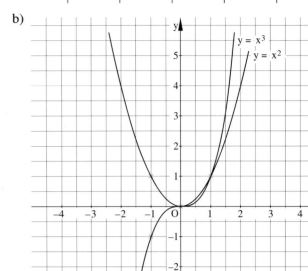

2.1
a) A, C, E b) A, D, G

3.1
a) A(4|16); B(−4|16); C(1,2|1,44); D(−2,5|6,25)
b) A(4|64); B(−4|−64); C(0,2|0,008); D(−0,2|−0,008)

4
a) $y = x^2$; $y = x^4$; $y = x^6$; ...
alle $y = x^n$ mit geradem n
b) $y = x^3$; $y = x^5$; $y = x^7$; ...
alle $y = x^n$ mit ungeradem n

Seite 25

2.1
a)

x	0	0,1	−0,1	0,2	−0,2	0,3
$y = x^{-1}$	−	10	−10	5	−5	3,33
$y = x^{-2}$	−	100	100	25	25	11,11

x	−0,3	0,4	−0,4	0,5	−0,5
$y = x^{-1}$	−3,33	2,5	−2,5	2	−2
$y = x^{-2}$	11,11	6,25	6,25	4	4

x	0,6	−0,6	0,7	−0,7	0,8
$y = x^{-1}$	1,67	−1,67	1,43	−1,43	1,25
$y = x^{-2}$	2,78	2,78	2,04	2,04	1,56

x	−0,8	0,9	−0,9	1	−1
$y = x^{-1}$	−1,25	1,11	−1,11	1	−1
$y = x^{-2}$	1,56	1,23	1,23	1	1

x	1,1	−1,1	1,2	−1,2	1,3
$y = x^{-1}$	0,91	−0,91	0,83	−0,83	0,77
$y = x^{-2}$	0,83	0,83	0,69	0,69	0,59

x	−1,3	1,4	−1,4	1,5	−1,5
$y = x^{-1}$	−0,77	0,71	−0,71	0,67	−0,67
$y = x^{-2}$	0,59	0,51	0,51	0,44	0,44

b) $y = x^{-1}$

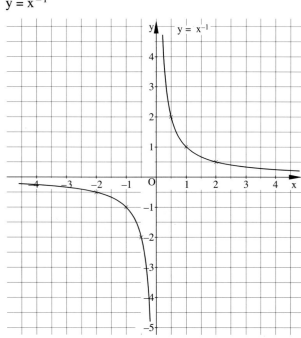

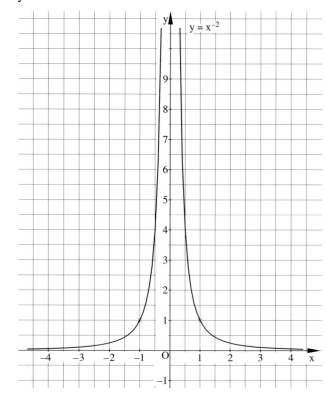

•3.1

a) $y = \frac{1}{2}$ b) $y = -\frac{1}{2}$ c) $y = -1$ d) $y = 2$

e) $y = -2$ f) $y = 10$ g) $y = -10$

•3.2

a) $y = \frac{1}{4}$ b) $y = \frac{1}{4}$ c) $y = 1$ d) $y = 1$

e) $y = 4$ f) $y = 4$ g) $y = 100$

•4

a) $y = x^{-2}$; $y = x^{-4}$; $y = x^{-6}$; ...
alle $y = x^{-n}$ mit geradem n

b) $y = x^{-1}$; $y = x^{-3}$; $y = x^{-5}$; ...
alle $y = x^{-n}$ mit ungeradem n

Seite 26

1.1

a) $\sqrt[3]{64} = 4$, denn $4^3 = 64$

b) $\sqrt{49} = 7$, denn $7^2 = 49$

c) $\sqrt[5]{32} = 2$, denn $2^5 = 32$

d) $\sqrt[4]{10\,000} = 10$, denn $10^4 = 10\,000$

e) $\sqrt[6]{1} = 1$, denn $1^6 = 1$

f) $\sqrt[7]{128} = 2$, denn $2^7 = 128$

g) $\sqrt[4]{625} = 5$, denn $5^4 = 625$

2.1
a) 2 b) 6 c) 3 d) 16
e) 0 f) 7 g) 100

2.2
a) $\frac{1}{2}$ b) $\frac{1}{3}$ c) $\frac{2}{3}$ d) $\frac{3}{2}$
e) $\frac{2}{3}$ f) $\frac{5}{3}$ g) $\frac{2}{3}$

2.3
a) 0,2 b) 0,3 c) 0,3 d) 0,1
e) 0,13 f) 0,2 g) 0,02

•4.1
a) $2 \cdot \sqrt[3]{5}$ b) $2 \cdot \sqrt[4]{20}$ c) $3 \cdot \sqrt[5]{2}$
d) $10 \cdot \sqrt{2}$ e) $5 \cdot \sqrt[3]{4}$ f) $6 \cdot \sqrt[3]{5}$
g) $4 \cdot \sqrt[4]{25}$

•5.1
a) $x = 7$ b) $x = 2$ c) $x = 2$
d) $x = -8 \cdot \sqrt[3]{2}$ e) $x = -10$ f) $x = 8$

Seite 27

1.1
a) $\sqrt{36}$ b) $\sqrt[5]{243}$ c) $\sqrt[3]{64}$ d) $\sqrt[4]{625}$
e) $\sqrt[3]{5}$ f) $\sqrt{a}$ g) $\sqrt[3]{x}$

2.1
a) $49^{\frac{1}{2}}$ b) $8^{\frac{1}{3}}$ c) $16^{\frac{1}{4}}$ d) $196^{\frac{1}{2}}$
e) $10^{\frac{1}{3}}$ f) $b^{\frac{1}{5}}$ g) $y^{\frac{1}{3}}$

3.1
a) $\sqrt{9} = 3$ b) $\sqrt{25} = 5$
c) $\sqrt[3]{8} = 2$ d) $\sqrt{16} = 4$
e) $\sqrt[4]{16} = 2$ f) $\sqrt[3]{1\,000} = 10$
g) $\sqrt[3]{125} = 5$ h) $\sqrt{81} = 9$
i) $\sqrt[4]{81} = 3$ j) $\sqrt[3]{0{,}008} = 0{,}2$
k) $\sqrt[3]{216} = 6$

•4.1
a) $\sqrt[4]{16^3} = 8$ b) $\sqrt[3]{125^2} = 25$
c) $\sqrt[3]{64^2} = 16$ d) $\sqrt[5]{243^3} = 27$
e) $\sqrt{64^3} = 512$ f) $\sqrt{0{,}04^3} = 0{,}008$
g) $\sqrt[4]{0{,}0016^3} = 0{,}008$ h) $\sqrt[3]{0{,}008^2} = 0{,}04$

•5.1
a) $\frac{1}{36^{\frac{1}{2}}} = \frac{1}{6}$ b) $\frac{1}{125^{\frac{1}{3}}} = \frac{1}{5}$
c) $\frac{1}{81^{\frac{1}{4}}} = \frac{1}{3}$ d) $\frac{1}{64^{\frac{2}{3}}} = \frac{1}{16}$

6.1
a) ≈ 4,6 b) ≈ 3,0 c) ≈ 7,4 d) ≈ 0,4

Seite 30

2.1
a) 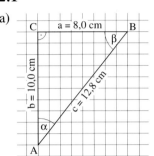 b)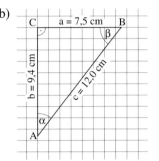

Grafiken verkleinert.

3.1
a) 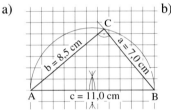 b)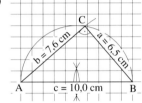

Grafiken verkleinert.

4.1
a) $c = 12{,}1\,\text{cm}$ b) $c = 6{,}85\,\text{m}$

5.1
a) $b = 7{,}3\,\text{cm}$ b) $a = 6{,}1\,\text{cm}$
c) $b = 6{,}3\,\text{cm}$ d) $b = 3{,}13\,\text{m}$

Seite 31

2.1
$\sin \alpha = \dfrac{z}{y}$ $\qquad \sin \beta = \dfrac{x}{y}$

3.1
a) $\sin \alpha = 0{,}5000$ b) $\sin \alpha = 0{,}5736$
c) $\sin \alpha = 0{,}9063$ d) $\sin \alpha = 0{,}9994$

4.1
a) $\alpha = 25{,}0°$ b) $\alpha = 55{,}0°$
c) $\alpha = 67{,}0°$ d) $\alpha = 15{,}0°$
e) $\alpha = 85{,}0°$ f) $\alpha = 88{,}0°$

5.1

a) $\alpha = 40{,}3°$ b) $\alpha = 32{,}5°$

Seite 32

2.1

$\cos\alpha = \dfrac{w}{u}$ $\cos\beta = \dfrac{v}{u}$

3.1

a) $\cos\alpha = 0{,}8660$ b) $\cos\alpha = 0{,}8192$

c) $\cos\alpha = 0{,}4226$ d) $\cos\alpha = 0{,}0349$

4.1

a) $\alpha = 65{,}0°$ b) $\alpha = 35{,}0°$

c) $\alpha = 23{,}0°$ d) $\alpha = 75{,}0°$

e) $\alpha = 5{,}0°$ f) $\alpha = 2{,}0°$

5.1

a) $\alpha = 58{,}3°$ b) $\alpha = 53{,}1°$

Seite 33

2.1

$\tan\alpha = \dfrac{y}{z}$ $\tan\beta = \dfrac{z}{y}$

3.1

a) $\tan\alpha = 0{,}5774$ b) $\tan\alpha = 0{,}7002$

c) $\tan\alpha = 2{,}1445$ d) $\tan\alpha = 0{,}2126$

e) $\tan\alpha = 0{,}2679$ f) $\tan\alpha = 0{,}4040$

g) $\tan\alpha$ nicht def.   h) $\tan\alpha = 57{,}2900$

i) $\tan\alpha = 0{,}0875$ j) $\tan\alpha = 0{,}4663$

k) $\tan\alpha = 0{,}0175$ l) $\tan\alpha = 0{,}3249$

4.1

a) $\alpha = 15{,}0°$ b) $\alpha = 20{,}0°$

c) $\alpha = 44{,}0°$ d) $\alpha = 50{,}0°$

e) $\alpha = 65{,}0°$ f) $\alpha = 80{,}0°$

5.1

a) $\alpha = 29{,}9°$ (über tan)   b) $\alpha = 54{,}9°$ (über tan)

  $\alpha = 30{,}0°$ (über sin) $\alpha = 54{,}9°$ (über sin)

  $\alpha = 29{,}5°$ (über cos) $\alpha = 54{,}8°$ (über cos)

Seite 34

1.1

a) $b = 5{,}2\,\text{cm}$ $\alpha = 44{,}0°$ $\beta = 46{,}0°$

b) $a = 6{,}3\,\text{cm}$ $\alpha = 40{,}1°$ $\beta = 49{,}9°$

2.1

a) $c = 10{,}6\,\text{cm}$ $\alpha = 31{,}4°$ $\beta = 58{,}6°$

b) $c = 5{,}47\,\text{m}$ $\alpha = 39{,}8°$ $\beta = 50{,}2°$

3.1

a) $b = 5{,}0\,\text{cm}$ $c = 8{,}8\,\text{cm}$ $\beta = 35{,}0°$

b) $a = 1{,}47\,\text{m}$ $c = 2{,}17\,\text{m}$ $\alpha = 42{,}5°$

4.1

a) $a = 3{,}8\,\text{cm}$ $b = 5{,}6\,\text{cm}$ $\beta = 56{,}0°$

b) $a = 0{,}64\,\text{m}$ $b = 3{,}03\,\text{m}$ $\alpha = 12{,}0°$

5

a) $b = 5{,}4\,\text{cm}$ $\alpha = 56{,}8°$ $\beta = 33{,}2°$

b) $a = 2{,}7\,\text{cm}$ $b = 10{,}1\,\text{cm}$ $\alpha = 15{,}0°$

c) $c = 3{,}29\,\text{m}$ $\alpha = 56{,}8°$ $\beta = 33{,}2°$

d) $a = 212\,\text{m}$ $c = 316\,\text{m}$ $\beta = 48{,}0°$

Seite 35

4

$h = 11{,}3\,\text{cm}$

5

$\alpha = 55{,}4°$

•6

Neigungswinkel $\alpha = 62{,}1°$

Seite 36

4

Die Seile werden unter einem Winkel von 44,4° befestigt.

5

Die Leiter reicht 2,31 m hoch.

6

a) Der Steigungswinkel beträgt 19,3°.

b) Der Höhenunterschied beträgt 407 m.

Seite 43

1.1

a) $c = 9{,}9\,\text{cm}$ $\beta = 61{,}2°$ $\gamma = 70{,}8°$

b) $c = 15{,}2\,\text{cm}$ $\alpha = 52{,}3°$ $\gamma = 92{,}7°$

c) $a = 5{,}10\,\text{m}$ $\alpha = 83{,}5°$ $\beta = 41{,}5°$

d) $b = 797\,\text{m}$ $\beta = 96{,}2°$ $\gamma = 51{,}8°$

2.1
a) b = 8,2 cm   c = 4,9 cm   α = 73,0°
b) a = 15,6 cm   c = 14,0 cm   β = 72,5°
c) a = 2,62 m   b = 2,27 m   γ = 68,0°
d) b = 378 m   c = 742 m   α = 75,3°

Seite 44

1.1
a) c = 11,7 cm   α = 48,6°   β = 86,4°
b) b = 10,2 cm   α = 65,6°   γ = 51,9°
c) a = 2,07 m   β = 38,1°   γ = 108,9°
d) c = 627 m   α = 56,6°   β = 48,4°

2.1
a) α = 21,3°   β = 41,0°   γ = 117,7°
b) α = 53,7°   β = 68,1°   γ = 58,2°
c) α = 12,1°   β = 160,5°   γ = 7,4°
d) α = 96,7°   β = 36,0°   γ = 47,3°

Seite 45

1.1
a) α = 54,8°   β = 74,7°   γ = 50,5°
b) α = 25,4°   β = 59,1°   γ = 95,5°
c) α = 26,7°   β = 51,2°   γ = 102,1°

2.1
a) b = 8,5 cm   c = 12,5 cm   α = 68,0°
b) a = 58,5 cm   c = 96,2 cm   β = 61,0°
c) a = 314 m   b = 251 m   γ = 73,0°

3.1
a) b = 7,4 cm   α = 64,2°   β = 48,8°
b) c = 122 cm   β = 48,9°   γ = 92,6°
c) a = 248 m   α = 26,2°   γ = 30,9°

4
a) a = 7,3 cm   β = 79,0°   γ = 39,0°
b) c = 20,1 cm   α = 36,9°   β = 64,5°
c) b = 1,47 m   α = 16,5°   γ = 152,3°

Seite 46

4
a) a = 7,7 cm   b = 5,2 cm   c = 8,5 cm
   Der Umfang u beträgt 21,4 cm.
b) a = 10,2 cm   b = 11,1 cm   c = 8,8 cm
   Der Umfang u beträgt 30,1 cm.

•5
Die Diagonalen haben die Längen e = 9,9 cm und f = 12,1 cm.

•6
f = 22,4 cm   g = 15,6 cm   e = 23,3 cm
α = 67,0°   β = 39,9°   γ = 73,1°

Seite 47

•4

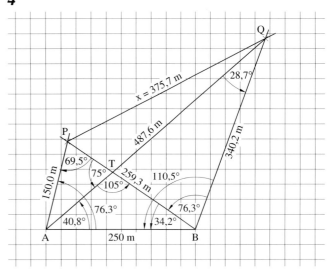

Der Abstand der Kirchturmspitzen beträgt 376 m.

Seite 48

1.1
Die Windgeschwindigkeit beträgt 32,0 km/h.

3.1
Der Neigungswinkel der Rampe darf höchstens 9,6° betragen.

Seite 50

1.1
a) $l_z = l_w \cdot m$
b) $l_z = 5$ cm

2.1
a) $A = \dfrac{p_1 + p_2}{2} \cdot h$
b) $A = 105$ cm²

3.1
a) $A = a \cdot b - (e \cdot e + e \cdot c + c \cdot d)$
b) $A = 45$ cm²

Seite 51

1.1

$$A = \frac{a + c}{2} \cdot h \qquad h = \frac{2A}{a + c}$$

1.2

$$V = \frac{a + c}{2} \cdot h \cdot k$$

$$k = \frac{2V}{(a + c) \cdot h} \qquad h = \frac{2V}{(a + c) \cdot k}$$

$$a = \frac{2V}{h \cdot k} - c \qquad c = \frac{2V}{h \cdot k} - a$$

2.1

$$l = 4a + 4b + 4c$$

$$a = \frac{l - 4b - 4c}{4} \qquad b = \frac{l - 4a - 4c}{4} \qquad c = \frac{l - 4a - 4b}{4}$$

2.2

$$M = 2c(a + b)$$

$$c = \frac{M}{2(a + b)} \qquad a = \frac{M}{2c} - b \qquad b = \frac{M}{2c} - a$$

3.1

$$A = \frac{g \cdot h}{2} \qquad h = \frac{2A}{g}$$

3.2

$$O = ab + k(a + b + c) \qquad k = \frac{O - ab}{a + b + c}$$

3.3

$$V = \frac{1}{3}G \cdot k$$

$$G = \frac{3V}{k} \qquad k = \frac{3V}{G}$$

4.1

a) $O = 6a^2 \qquad a = \sqrt{\dfrac{O}{6}}$

b) $A = \pi r^2 \qquad r = \sqrt{\dfrac{A}{\pi}}$

Seite 52

1.1

	a)	b)	c)
K (€)	50 000,00	25 000,00	2 500,00
Z_t (€)	850,00	425,00	26,00
t (d)	68	136	30
p %	9 %	4,5 %	12,5 %

	d)	e)	f)
K (€)	3 000,00	6 300,00	150,00
Z_t (€)	50,00	472,50	0,05
t (d)	120	300	1
p %	5 %	9 %	12 %

1.2

	a)	b)	c)
K (€)	2 500,00	12 000,00	7 000,00
p %	8 %	6 %	3 %
t (d)	168	250	120
Z_t (€)	93,33	500,00	70,00

	d)	e)	f)
K (€)	12 500,00	850,00	1 500,00
p %	14 %	18 %	2 %
t (d)	210	7	3
Z_t (€)	1020,83	2,98	0,25

2.1

	a)	b)	c)
K (€)	25 000,00	3 000,00	1 000,00
Z_t (€)	212,50	50,00	25,00
p %	9 %	5 %	15 %
t (d)	34	120	60

	d)	e)	f)
K (€)	2 400,00	1 700,00	2 900,00
Z_t (€)	70,00	68,00	17,40
p %	3,5 %	6 %	3 %
t (d)	300	240	72

2.2

	a)	b)	c)
Z_t (€)	850,00	1 700,00	230,00
p %	9 %	4,5 %	5 %
t (d)	68	136	310
K (€)	50 000,00	100 000,00	5 342,00

	d)	e)	f)
Z_t (€)	212,50	28,00	112,00
p %	9 %	4 %	16 %
t (d)	272	168	84
K (€)	3 125,00	1 500,00	3 000,00

3.1

$K_5 = 53\,852$ €

Seite 53

1.1

	a)	b)	c)
g (cm)	10,0	5,0	2,0
h (cm)	8,0	8,0	8,0
A (cm²)	40,00	20,00	8,00

	d)	e)	f)
g (cm)	8,3	8,3	8,3
h (cm)	3,0	6,0	12,0
A (cm²)	12,45	24,90	49,80

1.2

	a)	b)	c)
A (cm²)	4,25	7,82	11,73
g (cm)	2,5	2,3	2,3
h (cm)	3,4	6,8	10,2

	d)	e)	f)
A (cm²)	7,56	7,56	7,56
g (cm)	5,4	10,8	2,7
h (cm)	2,8	1,4	5,6

2.1

	a)	b)	c)
A (cm²)	21,00	25,60	17,55
a (cm)	8,8	12,0	4,2
c (cm)	3,2	4,0	3,6
h (cm)	3,5	3,2	4,5

	d)	e)	f)
A (cm²)	26,24	35,90	8,25
a (cm)	14,2	1,08	1,8
c (cm)	18,6	13,28	6,45
h (cm)	1,6	5,0	2,0

3.1

	a)	b)	c)
A (cm²)	78,50	314,20	706,90
r (cm)	5,0	10,0	15,0

	d)	e)	f)
A (cm²)	1256,00	1962,50	2826,00
r (cm)	20,0	25,0	30,0

4

	a)	b)	c)
A (cm²)	16,32	16,32	34,56
g (cm)	2,4	12,0	7,2
h (cm)	6,8	1,36	4,8

	d)	e)	f)
A (cm²)	17,28	8,64	6,56
g (cm)	3,6	1,8	0,8
h (cm)	4,8	4,8	8,2

5

	a)	b)	c)
A	16,38 dm²	12,00 m²	53,07 m²
a	3,9 dm	2,5 m	6,1 m
b	2,8 dm	3,2 m	5,8 m

	d)	e)	f)
A	93,75 m²	82,65 cm²	22,08 km²
a	5,0 m	5,8 cm	6,4 km
b	12,5 m	9,5 cm	2,3 km

Seite 54

3.1

	a)	b)	c)
a (cm)	6,2	6,4	6,0
p (cm)	1,0	4,0	4,5
c (cm)	38,4	10,2	8,0

	d)	e)	f)
a (cm)	23,0	4,5	6,0
p (cm)	18,9	2,0	4,0
c (cm)	28,0	10,0	9,0

4.1

	a)	b)	c)
h (cm)	3,2	8,4	9,2
p (cm)	4,0	3,0	14,1
q (cm)	2,6	23,5	6,0

	d)	e)	f)
h (cm)	36,0	5,4	4,9
p (cm)	56,3	3,2	6,4
q (cm)	23,0	9,0	3,8

5.1

a) $b = \sqrt{c^2 - a^2}$

b) $c = \sqrt{a^2 + b^2}$

5.2

	a)	b)	c)
a (cm)	3,5	9,2	4,0
b (cm)	6,3	6,8	8,6
c (cm)	7,2	11,4	9,5

	d)	e)	f)
a (cm)	9,0	3,0	12,3
b (cm)	64,4	4,0	5,2
c (cm)	65,0	5,0	13,4

Seite 55

1.1

$$A_{ges} = a^2 + \frac{a \cdot a}{2} \cdot 4 = 3a^2$$

1.2

$$V = a^2b + \frac{1}{3}a^2c = a^2(b + \frac{1}{3}c)$$

2.1

Fig. 6: $A = a^2 - \frac{1}{2}a^2 = \frac{1}{2}a^2$

Fig. 7: $A = 4\left(\frac{1}{4}a^2 - \frac{1}{2} \cdot \frac{a}{2} \cdot \frac{a}{2}\right) = \frac{1}{2}a^2$

Die beiden Restflächen sind gleich groß.

3.1

a) $m = \rho \cdot \frac{4}{3}\pi r^3$; $\rho = 11,3\,g/cm^3$

b)

r (cm)	2,0	4,0	8,0
m (g)	378,7	3 029,3	24 234,7

Seite 56

1.1

	a)	b)	c)
a (m)	3,2	3,6	6,0
b (m)	5,0	9,2	4,2
k (m)	4,2	10,5	3,0
V (m³)	67,20	347,76	75,60

	d)	e)	f)
a (m)	7,3	12,4	5,0
b (m)	6,1	3,0	6,0
k (m)	15,0	5,1	0,5
V (m³)	667,95	189,72	15,00

1.2

	a)	b)	c)
a (m)	5,0	3,0	3,2
k (m)	6,0	4,0	0,8
V (m³)	50,00	12,00	2,70

	d)	e)	f)
a (m)	7,3	1,3	3,5
k (m)	0,4	18,2	5,0
V (m³)	6,30	10,91	20,09

2.1

	a)	b)	c)
r (m)	3,0	3,4	0,8
k (m)	4,0	2,9	2,6
V (m³)	37,70	35,11	1,74

	d)	e)	f)
r (m)	5,3	5,9	2,6
k (m)	15,2	13,2	9,2
V (m³)	447,12	481,18	65,13

3.1

	a)	b)	c)
r (m)	5,1	3,1	6,2
k_Z (m)	15,1	9,5	12,7
V (m³)	1 511,7	349,2	2 032,8

	d)	e)	f)
r (m)	2,1	8,6	9,4
k_Z (m)	5,3	16,5	19,5
V (m³)	92,8	5 166,0	7 152,6

4

r (m)	4,0
k_Z (m)	9,0
k_K (m)	5,2
V (m³)	539,5

Seite 58

2.1

a)

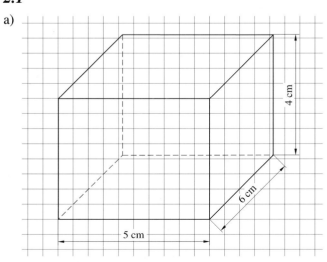

b)

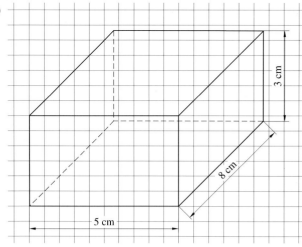

c)

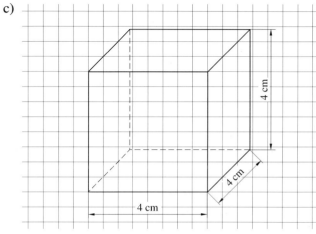

d)

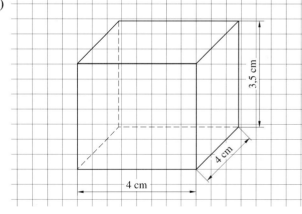

e)

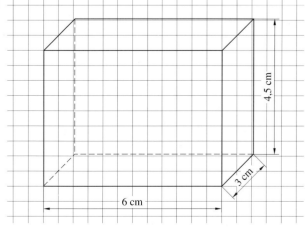

f)
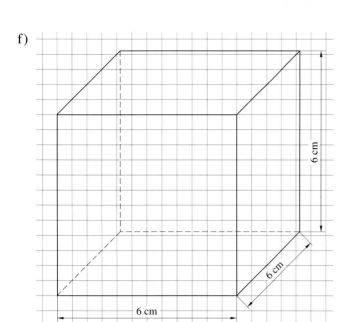

c)
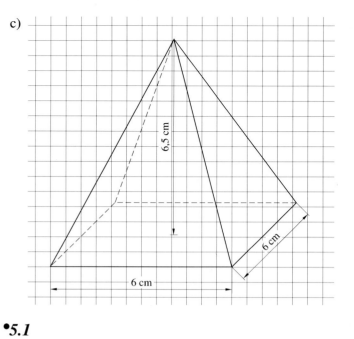

4.1

a)
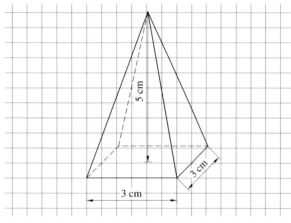

•5.1

a)
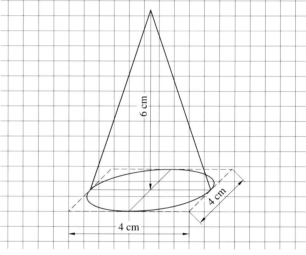

b)
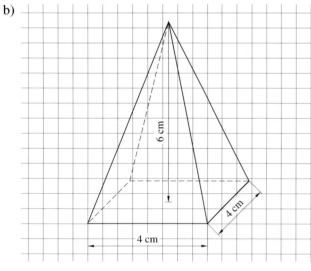

b)
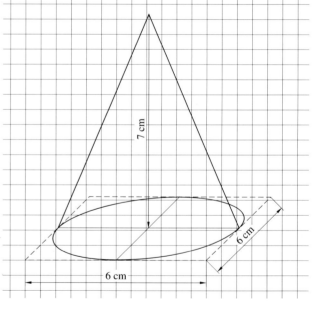

c)

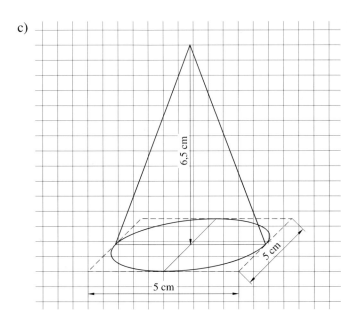

Seite 59

1.1
a) k = 28 cm   b) k = 45 cm   c) k = 16,5 cm

2.1
a) k ≈ 21,9 cm   V ≈ 5 723,2 cm³
b) k ≈ 50,5 cm   V ≈ 139 396,8 cm³
c) k ≈ 21,3 cm   V ≈ 654,3 cm³

3.1
	Fig. 1	Fig. 2
a)	h_a ≈ 3,75 m	h_a ≈ 2,92 m
b)	M ≈ 25,1 m²	M ≈ 23,1 m²

Seite 60

1.1
a) k ≈ 11,3 cm   b) k ≈ 41,8 cm   c) k ≈ 3,4 cm

2.1
a) s ≈ 14,3 cm   O ≈ 382,6 cm³
b) s ≈ 30,3 cm   O ≈ 467,4 cm³
c) s ≈ 51,2 cm   O ≈ 4 940,1 cm³

3.1
d ≈ 7,4 cm

4
s ≈ 8,20 m;   M ≈ 128,8 m²
Das Dach hat eine Fläche von 128,8 m².

Seite 61

1.1
a) V ≈ 223,7 cm³   b) V ≈ 237,9 cm³

2.1
a) V = 294 cm³   b) V = 30 824 cm³

3.1
a) O = 417 cm²   b) O = 3 827 cm²

4.1
a) k ≈ 13,4 cm   V ≈ 553,9 cm³
b) k ≈ 9,6 cm   V ≈ 2 662,4 cm³

•5
	Fig. 1	Fig. 2
a)	V = 21 490 cm³	V = 13 858,3 cm³
b)	h_a = 30,7 cm	h_a = 25,1 cm
c)	O = 4 743,2 cm²	O = 3 476,4 cm²

Seite 62

1.1
a) V ≈ 701,6 cm³   b) V ≈ 10 354,7 cm³

2.1
a) O = 326,8 cm²   b) O = 62,8 cm²

3.1
a) O ≈ 747,7 cm²   b) O ≈ 5 262,2 cm²

4.1
a) k ≈ 11,6 cm   V ≈ 2 077,2 cm³
b) k ≈ 27,9 cm   V ≈ 218 892,4 cm³

•5
	Fig. 1	Fig. 2
a)	V ≈ 15 599,1 cm³	V ≈ 145 204,4 cm³
b)	s ≈ 29,7 cm	s ≈ 61,4 cm
c)	O ≈ 3 644,9 cm²	O ≈ 15 626,3 cm²

Seite 63

1.1
a) V ≈ 381,7 cm³   b) V ≈ 904,8 cm³
c) V ≈ 2 572,4 cm³   d) V ≈ 3 942,5 cm³
e) V ≈ 24 838,4 cm³   f) V ≈ 87 113,7 cm³

2.1

a) $V \approx 65\,449,8\,\text{mm}^3$ b) $V \approx 2\,144\,660,6\,\text{mm}^3$

c) $V \approx 337\,706,8\,\text{mm}^3$ d) $V \approx 7,6\,\text{m}^3$

e) $V \approx 179,6\,\text{m}^3$ f) $V \approx 94,9\,\text{m}^3$

3.1

a) $O \approx 380,1\,\text{cm}^2$ b) $O \approx 6\,939,8\,\text{cm}^2$

c) $O \approx 24\,884,6\,\text{cm}^2$ d) $O \approx 13\,684,8\,\text{mm}^2$

e) $O \approx 65,0\,\text{m}^2$ f) $O \approx 1\,040,6\,\text{m}^2$

3.2

a) $O \approx 72\,583,4\,\text{cm}^2$ b) $O \approx 25\,446,9\,\text{cm}^2$

c) $O \approx 115\,811,7\,\text{cm}^2$ d) $O \approx 84\,496,3\,\text{mm}^2$

e) $O \approx 6\,951,6\,\text{m}^2$ f) $O \approx 9,7\,\text{m}^2$

4.1

a) $r \approx 4,6\,\text{cm}$ b) $r \approx 5,4\,\text{cm}$ c) $r \approx 6,2\,\text{cm}$

d) $r \approx 5,1\,\text{cm}$ e) $r \approx 5,7\,\text{cm}$ f) $r \approx 4,2\,\text{cm}$

4.2

a) $d \approx 15,6\,\text{mm}$ b) $d \approx 25,2\,\text{m}$ c) $d \approx 20,7\,\text{cm}$

d) $d \approx 10,6\,\text{mm}$ e) $d \approx 7,9\,\text{m}$ f) $d \approx 17,9\,\text{cm}$

5.1

a) $d \approx 7,9\,\text{cm}$ b) $d \approx 12,1\,\text{m}$ c) $d \approx 25,5\,\text{cm}$

d) $d \approx 12,9\,\text{mm}$ e) $d \approx 13,3\,\text{m}$ f) $d \approx 39,0\,\text{cm}$

5.2

a) $r \approx 5,1\,\text{cm}$ b) $r \approx 6,1\,\text{m}$ c) $r \approx 18,9\,\text{cm}$

d) $r \approx 3,2\,\text{mm}$ e) $r \approx 4,8\,\text{m}$ f) $r \approx 16,6\,\text{cm}$

Seite 64

4

$V = 112\,\text{cm}^3$

5

$V \approx 23,8\,\text{cm}^3$

6

$V \approx 65,4\,\text{cm}^3$

7

$V \approx 171,4\,\text{cm}^3$

Seite 65

5

$V \approx 30,8\,\text{m}^3$ Sand

24

6

$V \approx 12,1\,\ell$

7

$O \approx 0,18\,\text{m}^2$

8

$V \approx 1,5\,\ell$

Seite 67

1.1

a) $889,00\,€$ b) $1\,717,00\,€$

2.1

a) $190,00\,€$ b) $287,65\,€$

c) $417,15\,€$ d) $645,00\,€$

2.2

a) $120,00\,€$ b) $287,40\,€$

c) $509,40\,€$ d) $900,00\,€$

3.1

a) $1\,886,40\,€$ b) $1\,244,40\,€$

c) $859,20\,€$

•4

a) $0,904\,\text{m}$ b) $1,129\,\text{m}$

•5

a) $19,75\,\text{t}$ b) $2,5\,\text{t}$

•6

a) $13,90\,€$ b) $20,35\,€$

c) $29,95\,€$ d) $39,40\,€$

Seite 68

1.1

a) $0,960\,\text{kg}$ b) $1,92\,\text{kg}$

c) $3,84\,\text{kg}$ d) $7,68\,\text{kg}$

2.1

a) $336,00\,€$ b) $513,00\,€$

3.1

nach 3 Jahren: 171,17 €
nach 5 Jahren: 186,93 €

•4.1

$\approx 67\,000\,\text{m}^3$

•4.2

nach ca. 7 bis 8 Jahren.

•5

= 10,80 m

Seite 69

1.1

a) $\approx 210\,000$ €   b) $\approx 120\,000$ €

1.2

324 € $\approx$ 300 €

2.1

a) $\approx 84\,\text{Lux}$ b) $\approx 30\,\text{Lux}$ c) $\approx 0,2\,\text{Lux}$

3.1

a) 59,9 °C   b) 21,5 °C

•4.1

a)

Anzahl der Tage	6	7	8	9	10
Jodmasse in mg	3,03	2,79	2,57	2,36	2,17

b) nach ca. 8 Tagen.

•4.2

nach 10 Tagen: 6,95 mg
nach 15 Tagen: 4,58 mg
nach 20 Tagen: 3,02 mg

•4.3

a)

Anzahl der Jahre	10	20	30	40	50
Masse in mg	77,63	60,27	46,79	36,32	28,20

b) nach ca. 50 Jahren (54 Jahren 9 Monaten)

Seite 70

1.1

a) $K_3 = 2\,519,42$ €
   $K_5 = 2\,938,66$ €
   $K_{10} = 4\,317,85$ €
b) $K_2 = 5\,408,00$ €
   $K_6 = 6\,326,60$ €
   $K_8 = 6\,842,85$ €

2.1

a) $q = 1,03$
   $q^4 = 1,125\,508\,81 \approx 1,13$
b) $q = 1,06$
   $q^3 = 1,191\,016 \approx 1,19$
c) $q = 1,045$
   $q^6 = 1,302\,260\,124\,847\,515\,62 \approx 1,30$
d) $q = 1,058$
   $q^5 = 1,325\,648\,358\,836\,768 \approx 1,33$

3.1

a) $K_8 = 20\,618,23$ €
b) $K_5 = 8\,516,57$ €
c) $K_4 = 9\,566,82$ €

3.2

a) $K_6 = 3\,751,83$ €
b) $K_6 \approx 1,5 \cdot K_0$

•3.3

a) $K_1 = 5\,400,00$ €
   $K_2 = 5\,832,00$ €
   $K_3 = 6\,298,56$ €
   $K_4 = 6\,802,44$ €
   $K_5 = 7\,346,64$ €
   $K_6 = 7\,934,37$ €
   $K_7 = 8\,569,12$ €
   $K_8 = 9\,254,65$ €
   $K_9 = 9\,995,02$ €
   $K_{10} = 10\,794,62$ €
b) nach ca. 10 Jahren

•4.1

a) $K_0 = 6\,103,16$ €
b) $K_0 = 10\,133,46$ €

•5.1

nach ca. 12 Jahren